AF503930

LE SURNATUREL ET LA SCIENCE

LE MIRACLE

PAR

Le Docteur **A. GOIX**

PARIS

LIBRAIRIE BLOUD ET BARRAL

4, RUE MADAME ET RUE DE RENNES, 59

—

LE MIRACLE

LE MIRACLE

PAR

Le Docteur **A. GOIX**

PARIS

LIBRAIRIE BLOUD ET BARRAL

4, RUE MADAME ET RUE DE RENNES, 59

LA QUESTION DU MIRACLE

La cause première a-t-elle le droit et le pouvoir d'intervenir dans le monde des faits, en dehors et sans le concours des causes secondes ? Y a-t-il, en réalité, deux sortes de phénomènes d'observation, les uns naturels et les autres extranaturels ? Telles sont les deux formes sous lesquelles se présente à l'esprit la question du miracle.

Jusqu'au siècle dernier, les savants répondent affirmativement et groupent les faits d'observation en deux classes : les faits naturels et les faits extranaturels. Les premiers dépendent des forces aveugles de la nature, ou bien de la volonté humaine ; les seconds manifestent l'intervention, dans le monde, d'êtres intelligents et invisibles, tels que les esprits, bons ou mauvais, les anges, les démons, Dieu [1].

Avec le XVIIIe et surtout le XIXe siècle tout change. Pour la plupart des hommes qui occupent de nos jours les chaires de l'enseignement officiel, les phénomènes observables, quels qu'ils soient, sont et ne peuvent être que naturels. Leur cause, alors même qu'elle serait encore indéterminée, fait et doit faire partie des agents de la na-

---

1. *Voir* Zacchias, *Quæstiones medico-legales*, lib. I, tit. I, *de Miraculis*, édit. d'Avignon, 1657, p. 197. — Hoffman, *de diaboli potentia in corpora per physicas rationes demonstrata, Opera omnia*, édit. de Genève, 1740, t. V, p. 94.

ture. Nul être intelligent en dehors de l'homme ne pourrait intervenir dans le monde.

Mais, il importe de le remarquer, une telle assertion, bien qu'émise par des savants de profession, n'a de valeur que si elle est le fruit d'une investigation conduite selon toutes les règles propres à la méthode scientifique. Il ne faut pas confondre le savant avec la science. Tous d'ailleurs, même à notre époque, n'admettent pas un système philosophique qui élimine arbitrairement jusqu'à la notion même du miracle. Pasteur, par exemple, n'a pas craint, dans son *Discours de réception à l'Académie française* [1], d'affirmer publiquement l'existence de Dieu, du surnaturel et de l'infini. La question du miracle est donc loin d'être définitivement tranchée par la fin de non-recevoir que lui opposent quelques autres autorités scientifiques.

Partout, dans cette question, se trouvent en présence deux manières bien différentes de concevoir les choses. La première prend comme base une idée ; et la seconde, un fait. Une fois admis l'un ou l'autre de ces points de départ, la série des raisonnements paraît logique. Mais un calcul peut être bien fait et mener cependant à l'erreur, s'il repose sur des éléments incomplets ou faux. Il importe donc, au début de ces recherches, de faire un choix entre les deux manières de voir.

L'expérience apprend que toute connaissance prend son origine dans un fait. *Omnis cognitio a sensu initium habet.* Essayez de donner à un aveugle-né la notion de la couleur blanche ou jaune ; après tout ce que vous pourrez lui en dire, il n'en saura ni plus ni moins, n'ayant jamais vu ces couleurs ni rien qui le mette à même de s'en

1. Pasteur, *Séance de l'Académie française du 27 avril 1882. Discours de réception*, Paris, 1882, p. 24.

faire une idée. Il pourra seulement entendre leur nom par l'ouïe et le retenir dans sa mémoire ; mais quant à leur forme et à leur image, il lui sera impossible de les concevoir, à cause de sa cécité.

L'homme ne peut rien connaître que par la voie naturelle des sens. C'est en regardant, en écoutant, en goûtant, en palpant, que l'enfant acquiert ses premières notions sur les choses. Le propre d'ailleurs de toute science n'est-il pas de partir d'un fait et non d'une idée ? Le fait, voilà la base inébranlable, la base qui peut tout défier et dont on n'a jamais le droit de douter. C'est l'*ultima ratio*, la raison dernière sans laquelle l'esprit humain hésite et s'arrête.

Je considérerai donc, comme nulle et non avenue, toute conclusion qui ne repose, en dernière analyse, que sur une idée *a priori*. J'étudierai la question du miracle dans le domaine des faits plus encore que dans la sphère des idées et des discussions purement philosophiques.

CHAPITRE Ier

LA VRAIE NOTION DU MIRACLE.

Le XIXe siècle a fait faire d'immenses progrès aux sciences expérimentales et d'observation. Une multitude de phénomènes ont été classés et rapportés à leurs véritables causes. Mais, si le champ exploré est vaste, plus vaste encore peut-être est le champ qui reste à défricher. Aussi tous s'accordent-ils à reconnaître qu'il existe un ensemble de faits dont la science n'a pas encore découvert l'explication.

§ 1. — *La genèse de l'idée de miracle.*

Parmi ces phénomènes, il en est qui font spontanément surgir dans l'esprit humain l'idée de miracle, l'idée d'une intervention directe de Dieu dans le monde.

Telle est, par exemple, la prolongation du jour par Josué dont parle la Bible. Les Hébreux avaient franchi le Jourdain près de Jéricho, lorsque les cinq rois des Amorrhéens qui étaient le plus immédiatement menacés, se coalisent pour attaquer les Gabaonites, alliés des Hébreux, et viennent assiéger la ville de Gabaon. Prévenu du danger que courent ses alliés, Josué, encore à Galgala, force la marche de ses troupes, arrive dans une seule nuit, tombe à l'improviste sur les Amorrhéens et les taille en pièces dans la vallée située au nord d'Aïalon, aujourd'hui Yalo, ville de Palestine. Parvenu au sommet du défilé où se trouve Béthoron-le-Haut, Josué voit les Amorrhéens fuir en toute hâte et dans le plus

grand désordre. Dans la crainte que la chute du jour l'empêche d'achever leur complète destruction, il parle au Seigneur et s'écrie en présence des enfants d'Israël : « Soleil
n'avance point sur Gabaon, ni toi lune, sur la vallée d'Aïalon ». Et le soleil et la lune s'arrêtèrent jusqu'à ce que le
peuple juif se fût vengé de ses ennemis. Un seul jour fut
aussi long que deux [1].

Les lois de la science astronomique sont évidemment im-
puissantes à rendre compte de cette prolongation du jour.
Jamais en Palestine le soleil ne s'observe aussi longtemps à
l'horizon.

Il est d'autres faits qui se distinguent des phénomènes
naturellement explicables, non plus en eux-mêmes comme
le précédent, mais seulement par leur sujet. Telle est la
résurrection de Lazare.

Lorsque Jésus arrive à Béthanie, aujourd'hui El'Azarieth
(le village de Lazare) situé à trois quarts d'heure de Jérusalem, sur le flanc d'une colline qui prolonge le mont des Oliviers [2], Lazare est mort et déjà depuis quatre jours au tombeau ; son corps exhale l'odeur de la corruption. Un grand
nombre de Juifs sont venus voir Marthe et Marie à l'occasion de la mort de leur frère. C'est en leur présence que
Jésus fait ôter la pierre qui ferme l'entrée du sépulcre ;
puis, levant les yeux au ciel, il dit : « Mon père, je vous
rends grâces de ce que vous m'avez exaucé. Pour moi, je
savais que vous m'exaucez toujours; mais je dis ceci pour
ce peuple qui m'environne, afin qu'ils croient que c'est vous
qui m'avez envoyé. » Après ces paroles il crie d'une voix

1. Josué, X, 12-14 ; — Eccles., XLVI, 5.
2. *Dict. de la Bible*, publié par F. Vigouroux, art. *Béthanie*, par L.
Heidet, Paris, 1891, t. I, col. 1658.

forte : « Lazare, sortez dehors. » Et ce mort de quatre jours sort vivant du tombeau [1].

Ici le phénomène sensible, le phénomène observable, n'a rien de particulier en lui-même. Lazare ressuscité ne se distingue en rien des autres vivants. Ce n'est pas en elle-même, mais par son sujet, parce qu'elle est apparue dans un cadavre, que la vie de Lazare diffère de toute autre vie humaine.

Enfin, dans une troisième classe d'observations, le phénomène sensible et son sujet n'ont rien d'extraordinaire. Ce sont les circonstances seules où il se produit qui le rendent inexplicable par les agents de la nature. Ainsi, par exemple, Pierre et Jean montent pour prier au temple de Jérusalem. Un homme leur demande l'aumône. Ce mendiant est un cul-de-jatte de naissance ; chaque jour il se fait porter à l'une des entrées du temple, la porte Belle ; et tous les Juifs connaissent son infirmité. Pierre lui dit : « Je n'ai ni or ni argent ; mais ce que j'ai, je vous le donne. Levez-vous au nom de Jésus-Christ de Nazareth et marchez. » Et cet infirme se lève aussitôt ; il marche, il entre avec Pierre et Jean dans le temple.

Pierre s'adressant alors à la foule surprise et émerveillée de cette guérison : « Israélites, pourquoi vous étonner ? pourquoi nous regarder comme si nous avions fait marcher cet homme par notre puissance ou notre vertu ? C'est la foi au nom de Jésus, c'est cette foi qui vient de lui qui a fait devant vous cette guérison si parfaite. Faites donc pénitence et convertissez-vous. » Cinq mille hommes se convertirent [2].

L'idée que conçoit l'esprit humain à la lecture de ces ré-

1. Joan., XI, 41-45 ; XII, 17.
2. Act., III, 1-10 ; IV, 4.

cits empruntés à la Bible, c'est donc l'idée d'un phénomène sensible, d'un phénomène observable, mais sortant accidentellement de l'ordre des effets propres aux agents de la nature :

1° Par lui-même, comme la prolongation du jour par Josué. C'est le miracle de premier ordre ou *phénomène supranaturel* ;

2° Par son sujet, comme la résurrection de Lazare. C'est le miracle de second ordre ou *phénomène contranaturel* ; ou bien :

3° Par la manière dont il est produit, par les circonstances qui l'accompagnent, comme la guérison instantanée du cul-de-jatte de naissance. C'est le miracle de troisième ordre ou *phénomène préternaturel.*

Dans les trois exemples cités, ou il faut nier l'authenticité du récit biblique, ou il faut reconnaître que le phénomène sensible observé est inexplicable par les lois de l'astronomie, de la physiologie ou de la médecine. Il implique l'intervention directe de Dieu lui-même. La notion de miracle est donc complexe ; elle comprend essentiellement trois idées :

L'idée d'un phénomène sensible et facilement observable ;

L'idée d'une cause nettement déterminée et absolument distincte du monde : Dieu ;

L'idée d'un but spécial : la gloire de Dieu.

§ 2. — *Le miracle est un phénomène sensible.*

D'après la doctrine catholique, Jésus est réellement et véritablement présent dans le sacrement de l'Eucharistie sous les espèces ou apparences du pain et du vin. La présence réelle a pour conséquence logique et nécessaire la transsubstantiation. Au moment de la consécration, au moment où le prêtre répète les paroles de Jésus : *Ceci est mon corps, ceci est mon sang* [1], toute la substance du pain et du vin se change en la substance du corps et du sang du Christ. Ce changement, qui est appelé transsubstantiation, est évidemment un acte au-dessus des forces de la nature tout entière ; mais il ne mérite pas le nom de miracle, au sens propre du mot. Et cela, parce que la transsubstantiation n'est point un phénomène sensible ; elle ne tombe pas sous les sens : elle n'est connue que par la foi.

La conversion de S. Paul sur le chemin de Damas [2] sort de l'ordre de la grâce — la grâce de la conversion arrive d'ordinaire à l'homme par l'intermédiaire des personnes avec lesquelles il est en rapport — comme le miracle sort de l'ordre de la nature ; et, pour ce motif, elle reçoit souvent le nom de miracle spirituel. Mais, en elle-même, cette conversion n'est pas un phénomène sensible. Le miracle spirituel ne rentre donc pas dans le cadre de la présente étude.

Il en est de même de la prophétie. L'illumination de l'intelligence du prophète se rapproche du miracle : elle sort de l'ordre des effets naturels ; elle a pour cause immédiate la puissance divine ; elle tend à la gloire de Dieu. Mais, par elle-même, cette illumination ne constitue pas un phénomène sensible ; elle ne rentre pas dans la classe des miracles proprement dits.

Le miracle est essentiellement un phénomène sensible, un phénomène observable et tombant sous les sens. Ce phénomène, c'est la prolongation du jour dans le fait de Josué; c'est Lazare sortant vivant du tombeau, dans la résurrec-

1. Matth., XXVI, 26-28 ; — Marc, XIV, 22-24 ; — Luc, XXII, 19-20.
2. Act., IX, 1-6.

tion opérée par Jésus ; c'est le cul-de-jatte de naissance se levant et marchant à la parole de Pierre.

Le jour, un corps vivant, un homme marchant, ne sont pas seulement des phénomènes sensibles et faciles à observer ; ils appartiennent encore à l'ordre des faits normalement produits par les agents de la nature. Ils sont sériés, classés dans l'ordre naturel. Le phénomène sensible qui caractérise le miracle, ne doit donc sortir qu'*accidentellement* de cet ordre ; et c'est là l'un de ses caractères essentiels. La création d'une âme humaine, par exemple, ne saurait être un miracle au sens propre du mot. La raison en est que cette création n'est pas immédiatement perçue par les sens et que, d'autre part, elle ne sort pas accidentellement de l'ordre de la nature. Dieu crée une âme humaine toutes les fois que les forces naturelles de l'homme ont ébauché un corps apte à la recevoir.

Créer ou anéantir la matière ne saurait être de tous points un miracle, pas plus que la création ou l'anéantissement de l'énergie. Qu'il y ait une grande analogie entre l'acte de créer la matière ou la force et l'acte de ressusciter un mort, la chose est incontestable. Mais l'analogie n'est pas l'identité.

La loi de Lavoisier : *Rien ne se perd, rien ne se crée*, autorise à affirmer qu'aucun agent de la nature n'est capable de créer. Dès lors, par là même qu'elle n'appartient jamais à l'ordre des faits produits par les forces naturelles, la création ne saurait en sortir accidentellement. Elle ne présente donc pas l'un des caractères essentiels à tout miracle. Ce nom « miracle » ne s'applique légitimement qu'aux phénomènes :

1° *sensibles*, perçus par les sens externes ; et

2° sortant *accidentellement* de l'ordre des effets particuliers aux forces de la nature.

Ces deux caractères conduisent logiquement à en poser deux autres : l'origine divine et l'utilité pour la gloire de Dieu.

§ 3. — *Le miracle a Dieu pour cause.*

Le miracle n'est pas l'inexpliqué. Une pareille définition ne pourrait qu'obscurcir une question déjà assez ardue par elle-même. L'adopter serait changer le sens usuel des mots.

Miraculeux et inexpliqué ne sont pas deux termes synonymes dans la langue française. La liste des miracles serait longue, si l'on posait en principe que tous les faits, dont la science est incapable de rendre compte, doivent recevoir la qualification de miraculeux. Chaque corps simple produit des raies particulières dans le spectre lumineux ; certaines solutions de liquides organiques font dévier le plan de polarisation, alors que les solutions minérales n'ont pas cet effet. Un tube rempli de limaille métallique non fortement comprimée ne laisse pas passer le courant. Une étincelle électrique vient-elle à éclater dans le voisinage, aussitôt ce tube se laisse traverser par l'électricité. Mais s'il reçoit un coup sec, il perd à l'instant cette conductibilité [1]. La science ignore le pourquoi de ces faits d'observation et de beaucoup d'autres ; ils sont encore inexplicables et inexpliqués. Personne cependant n'aura jamais la pensée de les appeler miracles.

C'est que la notion d'inexpliqué ou d'inexplicable implique l'idée d'un phénomène dont la cause est encore indé-

---

1. La découverte de la conductibilité électrique intermittente, base de la télégraphie sans fil, est due à M. le docteur Branly, professeur à l'Institut catholique de Paris.

terminée ; et celle de miracle, au contraire, l'idée d'un phénomène dont la cause est nettement déterminée, l'idée d'un
phénomène sensible qui est et ne peut être expliqué que par
une intervention directe et immédiate de Dieu. Le thaumaturge affirme qu'il n'est qu'un simple instrument. Josué
parle au Seigneur[1] avant de lancer au soleil sa célèbre apos-
trophe. Pierre, après la guérison du cul-de-jatte de naissance, dit aux Juifs : « Pourquoi nous regarder comme si
nous avions fait marcher cet homme par notre puissance
ou notre vertu ? C'est la foi au nom de Jésus, c'est cette foi
qui vient de lui qui a fait devant vous cette guérison si parfaite [2]. »

L'homme d'ailleurs ne peut intervenir dans le monde des
faits par sa simple parole. Il ne peut produire la lumière,
faire apparaître la vie ou guérir un malade qu'à la condition d'employer les forces de la nature correspondantes aux
effets à obtenir. Or la notion même de miracle suppose que
le phénomène sensible n'est explicable par aucune des éner-
gies de l'univers. Si donc un phénomène tel que la prolongation du jour, une résurrection ou la guérison instantanée
d'une maladie incurable, s'observe et se constate avec certitude, il faut conclure :

Ou que ce phénomène fait exception à la loi de causalité,
qu'il est sans cause : — ce qui est absurde ;

Ou qu'il a nécessairement, pour cause efficiente et vraie,
un être en dehors de la chaîne des êtres et absolument dis-
tinct de l'univers ; et cet être, nous l'appelons Dieu.

Mais le thaumaturge n'agit pas miraculeusement, Dieu
n'intervient pas directement là où les forces naturelles suffisent pour obtenir l'effet désiré. Jésus, par exemple, com-

1. Josué, X, 12-14.
2. Act., III, 12-16.

mande à Lazare mort de sortir vivant du tombeau : nulle parole purement humaine ne pouvait produire cette résurrection. Mais, avant de la prononcer, il fait ôter la pierre qui ferme l'entrée du sépulcre ; et, Lazare sorti, il ordonne d'enlever le suaire qui couvre le visage du ressuscité et les bandelettes qui entourent ses mains et ses pieds. Que faut-il en conclure ? Que le don des miracles ne fait pas double emploi avec les forces naturelles : ces forces étaient parfaitement suffisantes pour déplacer la pierre du tombeau, aussi bien que pour débarrasser Lazare de ses liens.

Dieu ne serait d'ailleurs ni immuable ni infiniment sage s'il opérait miraculeusement ce qu'il est possible de faire par l'entremise des agents de la nature. Il n'intervient directement dans le monde des faits que dans la seule mesure nécessaire. Mais on conçoit que son intervention, indispensable pour telles personnes, dans tel pays, à telle époque, puisse ne l'être plus pour d'autres personnes, dans un autre pays, à une autre époque. Tout dépend des circonstances.

§ 4. -- *Le miracle tend à la gloire de Dieu.*

La prolongation du jour par Josué, la résurrection de Lazare, la guérison instantanée du cul-de-jatte de naissance, n'éveillent pas seulement l'idée d'un phénomène sensible sortant accidentellement de l'ordre des effets propres aux agents de la nature. Elles n'éveillent pas seulement l'idée d'un acte de la puissance divine ; elles font encore naître celle d'un acte utile à l'homme aussi bien q 'à la gloire de Dieu.

L'utilité pour l'homme est évidente. Quant à l'utilité pour la gloire de Dieu, j'entends par là que le miracle donne une notion plus exacte de la nature divine, qu'il a pour but de mieux faire connaître, aimer et servir Dieu.

C'est pour anéantir les ennemis du peuple choisi de Dieu que Josué opère la prolongation anormale du jour, dont parle la Bible. C'est pour accréditer sa mission divine que Jésus ressuscite Lazare. « Je dis ceci pour ce peuple qui m'environne, afin qu'ils croient que c'est vous qui m'avez envoyé[1]. » — C'est pour convertir les Juifs que Pierre guérit le cul-de-jatte de naissance. « C'est la foi au nom de Jésus, dit-il, c'est cette foi qui vient de Lui qui a fait devant vous cette guérison si parfaite. Faites donc pénitence et convertissez-vous [2]. »

Un fait qui ne tend pas, en dernière analyse, à la gloire de Dieu, ne saurait d'ailleurs être réellement un acte de la puissance divine ni par suite recevoir le nom de miracle. Dieu ne serait pas le premier en tout, s'il subordonnait son action à une autre fin que lui-même. Il est *l'alpha* et *l'oméga*. Rien n'existe que par lui ; rien n'existe que pour lui. Sa puissance est l'unique raison d'être des choses comme principe ; sa gloire en est l'unique raison d'être comme fin. .

§ 5. — *Le miracle et le surnaturel.*

Le miracle est un acte de la puissance divine et Dieu est au-dessus de la nature. S'ensuit-il que le miracle, c'est le surnaturel ?

Le mot surnaturel, d'après l'étymologie, désigne ce qui est au-dessus du naturel ; sa signification varie donc suivant le sens donné au terme nature. Lorsqu'on appelle *nature* l'ensemble des êtres visibles seulement, on est logi-

1. Joan., XI, 42.
2. Act., III, 16 et 19.

quement conduit à nommer surnaturels tous les êtres invisibles qui peuvent exister et à qualifier leurs actes du même nom. En ce sens dire que le miracle c'est le surnaturel, revient à dire que le miracle manifeste l'activité d'un être invisible quelconque, Dieu, ange ou démon. Une telle définition ne permet plus de distinguer le prestige du miracle. De fait, nombre d'auteurs, à notre époque, ne voient aucune différence entre l'un et l'autre. Quelques-uns affirment même que le mot miracle n'aura plus de signification le jour où la science aura constaté l'existence d'un monde invisible.

C'est une erreur. Le miracle n'est pas simplement un fait au-dessus des forces humaines, un fait suprahumain ; il est encore un fait au-dessus des forces de tout être créé même invisible. Aussi sa notion diffère-t-elle essentiellement de celle de prestige.

Toutes deux éveillent l'idée d'une cause intelligente et invisible ; mais cette cause est le Créateur dans le premier cas, et une simple créature dans le second. Miracle suppose que le phénomène sensible tend à la gloire de Dieu, et prestige qu'il tend seulement à satisfaire la curiosité de l'homme ou bien à le tromper. Les prestiges, en latin *præstigiæ*, sont proprement des artifices, des tours de passe-passe. Sortilège et maléfice expriment la même idée que prestige, mais en y ajoutant celle d'un être malfaisant. Ces mots ne sont donc pas synonymes de miracle dans la langue française ; et la précision que demande le langage scientifique ne permet pas de les prendre indifféremment l'un pour l'autre.

Si l'on appelle *nature* l'ensemble de tous les êtres visibles et invisibles et si l'on considère la cause première comme faisant partie de cet ensemble, l'idée même de surnaturel est évidemment absurde et contraire à la logique.

Rien alors ne pourrait être au-dessus de la nature. Mais,
lorsqu'on conçoit Dieu, non pas simplement comme le premier anneau de la chaîne des êtres, mais comme un Être
absolument au-dessus et en dehors de la sphère du monde,
cette idée devient, au contraire, logique et raisonnable :
Dieu seul est au-dessus de la nature ; seul il est surnaturel.
Il forme un ordre à part, l'ordre surnaturel ; et l'on peut
définir le surnaturel « ce qui est au-dessus de toutes nos
industries et de tous nos efforts »[1] ; « ce que nous ne pouvons acquérir par nous-mêmes, quelque soin et quelque
diligence que nous y apportions. A cet égard, tout ce que
nous pouvons faire, c'est de nous y disposer[2] ».

L'homme ne peut pénétrer de lui-même dans le cycle fermé où se meut la vie de Dieu. Incapable de saisir par intui-
tion la nature de la moindre réalité, comment pourrait-il
s'élever de lui-même jusqu'à la vision intuitive de la nature
de Dieu ? La qualification de surnaturelle peut donc s'appliquer à cette vision. Elle peut encore s'appliquer aux moyens
d'y parvenir, tels que l'Eglise, la grâce, etc. Mais, même
à ce point de vue, on ne saurait dire : le miracle, c'est le
surnaturel.

Le miracle n'est pas, comme ces moyens, essentiellement
et par lui-même ordonné à la vision intuitive de Dieu. On
conçoit, il est vrai, que le Créateur intervienne directement
dans le monde des faits pour prouver l'origine divine d'une
religion, comme le Christianisme. Mais on conçoit aussi qu'il
puisse intervenir pour tout autre motif, par exemple, pour
révéler simplement son existence à l'homme. La notion de

---

1. *Sainte Térèse*, Le chemin de la perfection, ch. XXXII, *Œuvres*, trad.
par le R. P. Bouix, 6ᵉ édit., t. III, p. 192.

2. *Sainte Térèse*, Lettre au P. Rodrigue Alvarez, février 1576. *Lettres*
trad. par le R. P. Bouix, 3ᵉ édit., t. I, p. 388.

miracle se distingue donc très nettement de celle du surnaturel. Elle n'a avec cette dernière qu'un rapport purement accidentel ; et ce rapport ne saurait entrer dans la définition même du miracle.

Un phénomène pourrait être miraculeux sans être surnaturel ; inversement, un phénomène peut être surnaturel sans être miraculeux. La conversion d'un homme, par exemple, est pour le théologien catholique un fait surnaturel ; et ce fait n'est pas miraculeux, puisqu'il appartient au groupe des effets propres à une force créée : la grâce.

§ 6. — *Le miracle et la merveille.*

Le miracle est un acte de la puissance divine. Mais tous les actes de Dieu ne méritent pas la qualification de miraculeux. Définir le miracle une manifestation de Dieu par une œuvre sensible que nul agent créé ne peut produire, ce serait en donner une définition trop générale ; elle s'applique à la création du monde aussi bien qu'à la résurrection d'un mort. Et la création, nous l'avons vu [1], n'est pas un miracle, au sens propre du mot.

Dieu fait tout avec la même facilité ; son activité, une en elle-même, n'est multiple que pour l'intelligence humaine. Aucune action divine ne peut être appelée « miracle » quand on la compare à la puissance infinie de Dieu. C'est par rapport à la puissance finie de l'homme que tel ou tel phénomène sensible fait naître l'admiration ou l'étonnement et qu'il reçoit le nom de miracle, *miraculum*, chose à admirer, *miranda res*.

En tant qu'il provoque l'admiration, le miracle appartient

1. Ch. I, § 2.

à la classe des merveilles. Aussi le poète, pour donner à son style une variété sans laquelle il perdrait tout charme et tout intérêt, a-t-il pu considérer comme synonymes les mots prodige, merveille, miracle, et dire :

> Et quel temps fut jamais si fertile en *miracles* ?
> Quand Dieu par plus d'effets montra-t-il son pouvoir ?
> Auras-tu donc toujours des yeux pour ne point voir,
> Peuple ingrat ! Quoi ! toujours les plus grandes *merveilles*
> Sans ébranler ton cœur frapperont tes oreilles !
> Faut-il, Abner, faut-il vous rappeler le cours
> Des *prodiges* fameux accomplis en nos jours ? [1].

Mais la science demande une plus grande précision de langage que la poésie, et ne saurait admettre entre ces termes une véritable synonymie. La merveille est au miracle ce que le genre est à l'espèce. Si tout miracle est une merveille, toute merveille n'est pas un miracle.

La merveille, c'est toute chose qui cause de l'admiration ; le merveilleux, c'est tout fait admirable, étonnant, surprenant, extraordinaire. Mais peu importe la nature ou la cause de cette admiration. La merveille n'étonne pas toujours et nécessairement tout le monde. Une éclipse de soleil, par exemple, fait merveilleux pour le vulgaire, ne surprend pas l'astronome. L'ignorance est ici la mère de l'admiration ; et le nombre des merveilles que caractérise un fait évident quant à son existence, mais obscur quant à sa cause, diminue chaque jour avec les progrès de la science.

L'étonnement de l'observateur, caractère spécifique de la merveille, n'est, au contraire, qu'un élément secondaire et accessoire du miracle. L'admiration, la rareté, l'étonnement, ne sauraient entrer dans sa définition. D'ailleurs sa notion implique l'idée d'un phénomène sensible capable

1. Racine, *Athalie*, Act. 1, scène I.

d'étonner toujours et partout le savant comme l'ignorant. Elle ne suppose pas l'ignorance, mais la connaissance de la cause ; et, si le miracle provoque, chez l'homme, une émotion, une admiration si vive, c'est qu'il le met directement en présence du Dieu Tout-Puissant. L'exactitude et la rigueur inhérentes au langage scientifique demandent donc de ne jamais confondre ces termes : merveille, prodige, miracle, et, pour éviter toute amphibologie, le mot miracle sera seul employé dans le cours de cette étude.

§ 7. — *La définition du miracle.*

En résumé, la notion du miracle que fait naître dans l'esprit l'analyse des récits miraculeux de la Bible, est une notion complexe. Elle se compose essentiellement de trois éléments :

1° Le miracle est un phénomène sensible, un phénomène directement perçu par les sens externes, un phénomène qui sort accidentellement de l'ordre des effets propres aux agents des mondes visible et invisible.

2° Ce phénomène sensible a Dieu pour cause immédiate.

3° Ce phénomène sensible tend simultanément et à l'utilité de l'homme et à la gloire de Dieu.

L'esprit humain ne saurait fondre dans sa pensée ces trois éléments. Il doit, pour en faire la synthèse, les ranger dans une certaine suite ; et — c'est une loi psychologique — le premier élément visé lui semble naturellement comme le fait lui-même. De là diverses manières de concevoir et de définir le miracle, suivant l'ordre établi entre ses éléments, suivant qu'on vise d'abord l'action de Dieu ou le phénomène qui la manifeste.

Dans le premier cas, le miracle peut se définir : Un acte

de la puissance divine, l'acte de Dieu produisant, en vue de sa propre gloire et de l'utilité de l'homme, un phénomène sensible quelconque, directement et sans le concours des forces naturelles dont ce phénomène relève habituellement.

Dans le second cas, le miracle peut se définir : Un phénomène sensible qui sort accidentellement de l'ordre des effets propres aux forces de la nature et que Dieu produit, sans leur concours, en vue de sa propre gloire et de l'utilité de l'homme. Cette dernière formule est préférable, le propre de la science étant de partir du fait pour arriver à sa cause.

Un tel phénomène, s'il existe, ne peut avoir que Dieu pour cause et pour fin. Nous l'avons vu plus haut[1]. Il suffit donc pour caractériser le miracle de le définir :

Un phénomène sensible qui sort accidentellement de l'ordre des effets propres aux agents des mondes visible et invisible.

Cette définition ne saurait présenter aucune obscurité pour le lecteur qui vient de suivre attentivement l'analyse dont elle est le résultat.

1. Ch. I, § 3 et § 4.

CHAPITRE II

L'HYPOTHÈSE DU MIRACLE.

La notion de miracle, telle qu'elle vient d'être définie, correspond-elle à quelque réalité objective ? Il serait aisé de dire : « Ce qu'on raconte est faux, simplement parce que ce qu'on raconte n'a pu être ». Avant d'entrer dans le domaine de la science et de vérifier les phénomènes, force est donc de rester encore un instant dans la sphère des idées et de poser cette question :

Est-il rationnel d'admettre l'hypothèse du miracle ? le miracle est-il possible ?

Il y a deux sortes de possibilités, l'une intrinsèque et l'autre extrinsèque. La première résulte de l'harmonieuse liaison des diverses parties d'une hypothèse ; la seconde, de l'existence d'une cause capable de la réaliser. Aussi, quelle que soit la forme de l'argumentation qui conclut à l'impossibilité du miracle, elle consiste toujours, au fond, soit à supprimer sa cause : Dieu, soit à trouver contradictoires les divers éléments de son concept.

§ 1. — *L'idée de miracle et l'idée de Dieu.*

Considéré dans sa cause, le miracle est par définition un acte de la puissance divine : Dieu seul peut faire un vrai miracle [1]. Dès lors il est évident que l'hypothèse d'un tel

---

1. Voir plus haut ch. I, § 8.

phénomène devient absurde et impossible, si Dieu n'existe pas, si le monde est tout et s'il n'y a rien au delà. N'admettre qu'une cause première sans liberté et faisant elle-même partie de la chaîne des êtres, c'est nier l'existence d'un agent capable de produire un phénomène sensible sans le concours des causes secondes. C'est proclamer impossible l'hypothèse du miracle.

Mais la négation de Dieu, tout comme l'affirmation d'une cause première non distincte du monde, ne font pas partie des résultats acquis de la science. Ce sont de simples vues de l'esprit, sans preuve ni contrôle expérimental. S'en autoriser pour conclure à l'impossibilité du miracle, c'est partir d'une idée et non d'un fait.

Toutefois, même en admettant l'existence d'un Dieu personnel, libre et tout-puissant, ne peut-on pas dire qu'il y a contradiction entre l'idée de miracle et celle de providence ? Ne convient-il pas de déclarer la première impossible pour conserver la réalité de la seconde ? Assurément non. Ces idées ne deviennent contradictoires qu'à la condition de confondre deux ordres bien distincts, l'ordre de la providence et l'ordre de la création.

L'ordre de la création, l'ordre naturel, c'est l'ensemble des effets produits par les êtres créés ou causes secondes. Le miracle sort de cet ordre, en tant que phénomène sensible produit directement et sans le concours des causes secondes. Mais, bien loin d'être en contradiction avec la suprême sagesse par laquelle Dieu conduit toutes choses, bien loin de sortir de l'ordre de la providence, il en fait, au contraire, essentiellement partie.

Dieu ne serait pas infiniment sage, s'il conduisait les choses au hasard et sans but déterminé ; et il ne serait pas en tout le premier, s'il subordonnait son action à une autre fin

que lui-même. L'ordre de la providence, l'ordre providen-
tiel, n'est donc, en réalité, que l'ensemble des effets produits, en vue de sa propre gloire, par la cause première. La
création est l'un de ces effets ; le monde, par là même qu'il
est créé et gouverné par Dieu, appartient à l'ordre dé la
providence. L'ordre naturel est subordonné à l'ordre provi-
dentiel et s'en distingue comme la partie du tout. Il en est
de même du miracle : il tend immédiatement et par lui-
même à la gloire de son auteur, à tel point qu'un fait sans
cette tendance ne saurait en recevoir le nom, parce qu'il ne
serait pas et ne pourrait pas être un acte de la puissance
divine [1]. Un phénomène sensible peut donc sortir de l'ordre
naturel sans cesser d'appartenir à l'ordre de la providence.

Dira-t-on que Dieu, par là même qu'il est immuable, ne
peut, sans se contredire, intervenir dans le monde des faits
directement et sans le concours des causes secondes ou
forces naturelles ? Mais nier *a priori* la possibilité de cette
intervention et conclure à l'impossibilité du miracle, c'est
émettre un principe qui conduit logiquement à nier la toute
puissance divine. Si l'homme intervient dans le monde des
faits sans contredire les lois de la nature, pourquoi Dieu ne
le pourrait-il pas ? Pourquoi la cause première, qui a li-
brement posé ce rapport que la science appelle loi, n'au-
rait-elle pas, comme tout législateur, le pouvoir et le droit
de le supprimer ? En usant de ce pouvoir et de ce droit,
Dieu fait un miracle ; et, en ce faisant, il demeure immuable : il accomplit dans le temps ce qu'il a de toute éternité prévu devoir accomplir à ce moment et de cette manière.

Refuser à Dieu le pouvoir d'intervenir directement dans

---

1. Voir plus haut ch. I, § 4, p. 17.

le monde des faits, c'est proclamer implicitement, sinon explicitement, la nécessité *absolue* des forces de l'univers, puisque Dieu lui-même ne pourrait, sans leur intermédiaire, produire aucun phénomène sensible. Or cette nécessité absolue n'est rien moins que démontrée : la science établit seulement leur nécessité *relative à l'homme.*

La nature ne fait rien de rien : elle tire comme d'une mine les êtres qu'elle étale à nos regards. Elle ne ramène rien à rien : elle laisse subsister quelque chose des êtres qu'elle détruit. La quantité de matière existant actuellement dans le monde est invariable ; elle reste la même à travers toutes les transformations des corps. La forme seule disparaît, la matière demeure. C'est une vérité que Lavoisier a scientifiquement démontrée.

Mayer a fait pour les forces ce que Lavoisier a fait pour la matière. Les forces physiques ne disparaissent pas plus que les éléments chimiques : elles se remplacent l'une l'autre. La force mécanique, par exemple, qui fait tourner une roue dans l'eau, ne s'anéantit pas ; elle fait place à la chaleur : l'eau agitée s'échauffe. On sait même aujourd'hui transformer en lumière électrique la puissance mécanique des chutes d'eau. En d'autres termes, la quantité d'énergie existant actuellement dans le monde demeure constante : un corps ne gagne jamais que ce qu'un autre a perdu.

Les lois de Lavoisier et de Mayer expriment les résultats scientifiquement définis de l'expérience et de l'observation. Que faut-il en conclure ? Que l'homme qui expérimente et qui observe, ne peut ni créer ni anéantir la matière et les forces ; il n'a prise sur elles que pour les utiliser et ne saurait, sans leur concours, produire un phénomène sensible quelconque.

Mais les lois de Mayer et de Lavoisier ne prouvent pas

que Dieu partage à cet égard l'impuissance de l'homme ;
elles n'autorisent à affirmer ni l'éternité de la matière, ni
la nécessité absolue des forces physiques. Dire que Dieu
lui-même ne peut intervenir dans le monde sans le concours
de ces forces et conclure à l'impossibilité du miracle, c'est
aller plus loin que l'observation et l'expérience ne le permettent. C'est encore partir d'une idée *a priori* et non d'un
fait.

D'ailleurs, au point de vue de la vérification du miracle,
il importe peu de connaître la nature ou la puissance de la
cause première. L'ordre idéal ne doit pas être confondu
avec l'ordre réel, le concept avec le fait. Lorsqu'on cherche,
en restant dans la sphère des idées, à résoudre la question
de possibilité, la notion de miracle apparaît comme une
conséquence de la toute-puissance de Dieu. Mais, si l'on
quitte le domaine de la spéculation pour se placer sur le ter-
rain des faits, la conclusion est toute différente. Dans l'ordre réel, la filiation est inverse : le « concept » de la toute
puissance divine naît de la constatation du « fait » miracle.
Pour poser légitimement l'hypothèse du miracle et chercher
à la vérifier scientifiquement, il n'est donc besoin ni d'admettre *a priori* ni de démontrer préalablement l'existence
d'un Dieu personnel, libre et tout-puissant. La foi à cette
existence n'est pas plus nécessaire qu'elle ne l'est pour voir
le soleil en plein midi.

§ 2. — *L'idée de miracle et l'idée de loi.*

Le miracle est avant tout un fait d'observation ; il a tous
les caractères des phénomènes sensibles. La lumière du
jour prolongé par Josué est semblable à la lumière des autres jours. Le cul-de-jatte de naissance guéri par S. Pierre

marche comme tous les autres hommes. La vie de Lazare ressuscité par Jésus ne diffère pas, en elle-même, de la première vie de Lazare. En un mot, les faits d'observation d'origine miraculeuse et les faits d'observation d'origine naturelle sont identiques en eux-mêmes. Ils ne se distinguent que par leur rapport de causalité, les premiers étant par définition l'effet direct de la cause première et les seconds, de l'une quelconque des causes secondes.

L'hypothèse du miracle implique l'idée d'une cause nettement déterminée, Dieu. Mais elle implique aussi l'absence de tout rapport entre le phénomène sensible et la force naturelle qui le produit normalement dans le cours ordinaire des choses. Y a-t-il contradiction à supposer l'absence de ce rapport ?

Répondre affirmativement, ce serait montrer par là même qu'on ne sait pas distinguer la cause et la loi d'un phénomène. La cause de la matière, des forces et des phénomènes appartient à l'ordre des réalités ; et leurs lois, à l'ordre des idées pures. La loi n'est qu'une idée abstraite ; elle n'exprime que le rapport constant d'une cause avec son effet. Ce n'est pas par la loi que la matière est faite ou se transforme, ni que les phénomènes apparaissent. Ce n'est pas la loi qui donne aux forces leur vertu ; c'est, au contraire, l'action des forces qui fait naître le rapport que la science appelle loi. Le miracle, par là même qu'il a une cause déterminée, a donc un rapport avec elle ; comme tout phénomène sensible, il a sa cause et sa loi propres.

Ne doit-on pas poser en principe l'incompétence irrémédiable de tous, savants et ignorants, à constater et à garantir le miracle, tant que la science n'aura pas achevé la conquête des lois du monde ? La science, malgré tous ses progrès, ne nous donne encore que des notions partielles et incomplètes. Elle nous apprend à utiliser la vapeur, l'électricité, etc. ; elle ne nous dit rien de la véritable nature de ces forces.

La théorie qui attribue le phénomène dit miracle à une force naturelle encore inconnue, est spécieuse. Mais il suffit de la mettre en présence d'un fait concret et particulier pour en voir le peu de valeur.

Soit, par exemple, la guérison instantanée du cul-de-jatte de naissance par S. Pierre. L'observation atteste-t-elle avec certitude l'existence et l'instantanéité de cette guérison, que faut-il de plus pour conclure à la réalité du miracle? Est-il nécessaire de connaître toutes les lois scientifiques? Cette guérison est-elle contraire à toutes les lois de la nature? Evidemment non.

La guérison instantanée opérée par S. Pierre ne s'écarte pas de toutes les lois, mais seulement de l'une d'entre elles. Entre cette loi et la guérison il y a simple absence de rapport ; et cette absence n'implique réellement aucune idée d'opposition, de lutte, d'obstacle, de modification. Aussi le miracle n'est-il pas plus un phénomène contraire aux lois de la nature qu'une suspension, ou qu'une dérogation à ces mêmes lois. Le fait du cul-de-jatte de naissance se levant et marchant à la parole de Pierre ne modifie pas, ne suspend pas, ne contrarie pas plus les lois de la vie que la pierre lancée dans les airs par une main d'homme ne modifie, ne suspend, ne contrarie les lois de la pesanteur. Il n'appartient pas à la classe des effets que ces lois expliquent et régissent : voilà tout ce qu'il est possible de dire.

Pour affirmer le miracle il n'est pas nécessaire de connaître toutes les lois de la nature, il suffit d'être certain de la loi qui régit habituellement le phénomène observé. Cette loi est connue.

Depuis longtemps la médecine sait que la guérison d'une telle infirmité, bien que rare, peut faire partie des effets propres à la force vitale. Mais elle sait aussi que cette cure n'est jamais instantanée. Le temps est un facteur indispensable de ces sortes de guérisons. Voilà la loi dont l'expérience des siècles a confirmé la vérité et que l'observation médicale vérifie chaque jour.

Par là même qu'elle est instantanée, la guérison opérée par S. Pierre sort donc de l'ordre des effets propres à la force vitale. Pourquoi faudrait-il attendre, pour la qualifier de miraculeuse, que la science ait achevé la conquête de toutes les lois de la nature ? Poser en principe l'incompétence du médecin, c'est oublier que les découvertes de l'avenir ne sauraient détruire les vérités — je ne dis pas les théories ou les systèmes — scientifiques du présent. C'est oublier que la loi à découvrir impliquerait nécessairement l'inconstance de la loi déjà découverte. C'est, qu'on le veuille ou non, émettre une prétention qui équivaut à la négation même de la science.

La notion d'un phénomène sensible produit par la cause première sans le concours des causes secondes, bien loin de nier la science elle-même, suppose au contraire la constance de ses lois. L'idée de miracle viendrait-elle à l'esprit en présence de Lazare ressuscité, si l'on ne connaissait, au moins implicitement, la constance de cette loi : un cadavre ne reprend pas naturellement la vie qu'il a perdue ?

Le principe de l'incompétence du savant à constater et à affirmer le miracle ne repose pas, en dernière analyse, sur le fait que la science actuelle est encore en voie d'évolution et de progrès. Il repose sur l'idée *à priori* que tout phénomène, par là même qu'il est sensible, a et ne peut avoir pour cause qu'un agent naturel. L'admettre, c'est encore partir d'une idée et non d'un fait ; c'est de plus faire une véritable pétition de principe et supposer résolue la question même à résoudre : y a-t-il déux sortes de faits d'observation, les uns naturels et les autres extranaturels ?

Eriger en dogme l'impossibilité du miracle et se refuser à passer à l'examen des faits, ce n'est donc pas rester dans le doute philosophique, mais dans un scepticisme de parti pris. C'est contester l'existence des faits naturellement inexplicables ou bien les mutiler, les juger mal observés, uniquement parce qu'ils soulèvent et posent la question du miracle.

Tel n'est pas le véritable esprit scientifique. Celui qui veut s'instruire, doit chercher la vérité sans idée préconçue sur ce qui peut être, l'œil ouvert, l'oreille tendue, spectateur impartial et résolu à ne jamais rejeter, sous prétexte d'impossibilité, un fait certain, alors même que ce fait vient contredire des théories généralement acceptées.

CHAPITRE III

La science doit tenir compte de tous les faits observés, de ceux — s'il y en a — qui relèvent directement de la cause première, aussi bien que de ceux qui dépendent immédiatement des causes secondes ou agents de la nature. Le savant a le droit de se demander, en présence d'événements tels que ceux de Josué, de Pierre et de Jésus, s'il existe deux sortes de phénomènes, les uns naturels et les autres extranaturels. Il a le droit de poser l'hypothèse du miracle.

Mais comment la vérifier ? Le miracle, par là même qu'il se définit un phénomène sensible, doit être observable à la manière des faits de l'ordre physique et vérifiable par les mêmes procédés, c'est-à-dire en suivant les règles de la méthode scientifique. Mais plusieurs n'ont de ces règles qu'une notion fausse, inexacte ou bien incomplète. Force est donc de déterminer d'abord la vraie méthode de vérification du miracle.

§ 1. — *Le miracle et l'observation personnelle.*

Nombre d'auteurs raisonnent en cette matière comme s'ils partaient du principe : Rien n'est connu que ce qui a été personnellement observé. Ils exigent ou semblent exiger l'observation personnelle du fait miraculeux.

C'est une grave erreur. *Non cuivis contingit adire Corinthum.* Il n'est pas donné à tout le monde d'aller à

Corinthe et ceux qui ne peuvent s'y rendre, doivent s'en rapporter au récit des voyageurs. Trop de crédulité est mépri-
sable, sans doute; mais un scepticisme aveugle n'a-t-il pas
souvent aussi empêché la propagation des plus belles découvertes ? Ce scepticisme, en réalité, n'est que le refus de
voir ; et la première condition pour atteindre le vrai est d'ouvrir les yeux de l'intelligence.

La foi au témoignage humain, témoignage de l'historien ou
témoignage du savant, n'est pas — il importe de le remarquer — la vertu théologale que l'Eglise appelle foi. La foi,
au sens théologique du mot, est une habitude surnaturelle
de l'âme qui la rend capable de connaître des vérités im-
possibles à acquérir par les sens, comme la Trinité ou notion
d'un seul Dieu en trois personnes distinctes. Cette habitude,
cette vertu, n'est nullement requise pour poser et vérifier
l'hypothèse du miracle. Ce qu'il est nécessaire d'avoir, ce
n'est pas la foi, mais la bonne foi, l'absence de tout préjugé.

La loi de l'autorité du témoignage humain est un fait incontestable. Il y a, dans toutes les branches de l'activité
humaine, des personnes qui jouent le rôle de sources et de
guides du savoir et de l'action. Dès qu'un homme s'élève
au-dessus des autres par sa science et ses œuvres, dès qu'il
justifie de la possession d'une plus grande somme de vérité
et de force, il agit pratiquement et réellement sur les autres.
Il les pousse, il les dirige, il les provoque à réfléchir, en même
temps qu'il fait prévaloir les résultats de sa propre pensée.
Que d'hommes, par exemple, admettent, sans les avoir jamais personnellement observés ni contrôlés, les faits et les
expériences de Pasteur?

Sans doute, la première autorité venue n'est pas digne
de confiance. Il y a des abus de la loi de l'autorité du témoignage humain. Mais on aurait tort d'en conclure qu'il

n'est pas raisonnable d'admettre un témoignage offrant toutes les garanties de crédibilité. La disposition à croire de confiance ne porte pas atteinte à la dignité et à la liberté de l'homme. Le malade croit à l'autorité du médecin et prend, sur son conseil, les substances les plus vénéneuses. En ce faisant, n'est-ce pas, en réalité, à lui-même qu'il obéit ? Il sait que le médecin possède et la science et la volonté de le guérir. Sa confiance en lui est un commandement de sa propre raison.

Il n'y a pas, il ne saurait y avoir, contradiction entre la raison et l'autorité. Les juger contradictoires, c'est supposer à tort que l'homme est un individu absolu, n'existant que pour lui seul et n'ayant avec les autres aucun rapport essentiel. Cet individualisme n'est qu'une simple vue de l'esprit. En fait, l'homme est par nature membre d'une société ; il a besoin des autres pour atteindre lui-même son complet et parfait développement.

La loi de l'autorité du témoignage humain est, pour le monde des intelligences, une loi tout aussi naturelle et aussi constante que celle de la pesanteur pour le monde des corps. Rejeter toute certitude fondée sur le témoignage du savant ou sur celui de l'historien, c'est détruire la base même de tout enseignement. C'est donner à l'homme le droit, bien plus, c'est lui imposer le devoir de mettre en doute les vérités scientifiques — et elles sont nombreuses — qui échappent à ses investigations personnelles et à son évidence intime. Que deviendrait le progrès de la science, si tout savant devait commencer par faire table rase dans son esprit et contrôler, directement et par lui-même, toutes les assertions des autres savants ? Sans la certitude basée sur l'autorité du témoignage d'hommes compétents, la science n'est plus qu'une véritable toile de Pénélope.

§ 2. — *Le miracle et l'expérimentation.*

On ne saurait objecter que le miracle est impossible à reproduire expérimentalement et à volonté. Tout d'abord la notion de miracle n'implique pas essentiellement l'impossibilité de le vérifier en le répétant. En fait, Josué, comme Jésus, agit de propos délibéré ; S. Pierre dit de même au cul-de-jatte de naissance : « Je n'ai ni or ni argent ; mais ce que j'ai, je vous le donne. Levez-vous au nom de Jésus-Christ de Nazareth et marchez [1]. »

Elie fait convoquer par le roi Achab, sur le Mont Carmel, en Galilée, tout le peuple d'Israël, les quatre cent cinquante prêtres de Baal et les quatre cents prophètes d'Astarté. Alors, s'approchant du peuple, il lui dit : « Jusqu'à quand serez-vous comme un homme qui boite des deux côtés ? Si le Seigneur est Dieu, suivez-le ; et si Baal est Dieu, suivez-le aussi. Je suis demeuré tout seul d'entre les prophètes du Seigneur, au lieu que les prophètes de Baal sont au nombre de quatre cent cinquante. Qu'on nous donne deux bœufs, qu'ils en choisissent un pour eux et que, l'ayant coupé par morceaux, ils le mettent sur du bois, sans mettre du feu par dessous. Et moi, je prendrai l'autre bœuf et, le mettant aussi sur du bois, je ne mettrai point non plus de feu au-dessous. Invoquez le nom de vos dieux et, moi, j'invoquerai le nom de mon Seigneur, et celui-là sera reconnu le vrai Dieu qui enverra un feu pour consumer la victime. » Tout le peuple répondit : Voilà une fort bonne proposition [2].

Les prêtres de Baal préparent leur sacrifice ; mais c'est en vain qu'ils invoquent le nom de Baal depuis le matin jusqu'à midi : le feu ne vient pas consumer leur victime.

1. Act. des Apôtres, III, 6.
2. III Rois, XVIII, 21-24.

Alors Elie coupe l'autre bœuf par morceaux, le met sur le bois et fait la prière suivante : « Seigneur, Dieu d'Abraham, d'Isaac et de Jacob, faites voir aujourd'hui que vous êtes le Dieu d'Israël et que je suis votre serviteur, et que c'est par votre ordre que j'ai fait toutes ces choses. Exaucez-moi, Seigneur, exaucez-moi, afin que ce peuple apprenne que vous êtes le Seigneur Dieu, et que vous avez de nouveau converti leur cœur. » En même temps le feu du Seigneur tombe et dévore l'holocauste, le bois et les pierres [1].

Le sacrifice d'Elie montre bien que la notion de miracle n'implique pas nécessairement l'idée d'un phénomène impossible à reproduire expérimentalement. Mais il ne faut pas oublier que les conditions de reproduction d'un phénomène sensible, quel qu'il soit, ne se formulent jamais arbitrairement. Elles se déterminent toujours par l'observation. Or la notion de miracle, telle qu'elle résulte de l'analyse des récits de la Bible, implique l'idée d'un fait ordonné à la gloire de Dieu [2]. Chercher à constater l'existence du miracle sans tenir compte de cette condition essentielle, ce serait donc courir au devant d'un échec certain et supposer, contrairement à l'hypothèse même qu'il s'agit de vérifier, que le miracle ne tend qu'à satisfaire la curiosité de l'homme ou du savant.

Lorsque Tertullien, portant un défi solennel, proposait une expérience à faire devant n'importe quel tribunal, annonçant qu'un chrétien pris au hasard y donnerait une manifestation non équivoque de la puissance divine attachée à sa foi, il n'avait garde d'oublier cette condition essentielle. Il n'avait pas simplement en vue la satisfaction de la curiosité humaine ou la solution scientifique du problème du mi-

1. III Rois, XVIII, 20, 33-38.
2. Voir ch. I, § 4.

racle. Son but était la gloire de Dieu : il voulait amener ses contradicteurs à reconnaître avec lui la supériorité des miracles chrétiens sur les prestiges païens et l'origine divine de l'Eglise naissante [1].

Si les miracles opérés de cette manière sont rares, c'est peut-être que l'homme ne sait pas remplir toutes les conditions fixées par Dieu pour leur obtention. Les savants capables de reproduire les expériences de Pasteur ne sont-ils pas aussi en fort petit nombre ? Il faut une très grande prudence et une connaissance extrêmement précise de la manière et du moment opportun de les accomplir. Comment serait-il possible de constater ou de provoquer un phénomène, alors que les conditions qui lui sont propres ne sont pas toutes réunies ? L'absence du miracle en pareille circonstance ne prouverait ni sa non-existence ni son impossibilité ; elle attesterait seulement l'insuffisance du savant et l'erreur de la méthode.

D'ailleurs un phénomène est certain et positif, alors même qu'il est et sera toujours impossible de le reproduire à volonté. Le signe naturel de la vérité, ce n'est ni l'expérience ni l'expérimentation ; c'est l'évidence. La vérification sensible n'est qu'un procédé applicable seulement à certaines sciences ; c'est le réactif qui fait disparaître les taches de la plaque photographique. L'évidence, au contraire, c'est la lumière même qui vient impressionner la plaque. Comme l'œil en présence de la lumière perçoit les objets, ainsi l'intelligence humaine en présence de l'évidence saisit et affirme la vérité, même en l'absence de toute expérimentation. Dira-t-on qu'une éclipse de soleil manque de certitude et ne constitue point un phénomène positif, parce qu'elle

---

1. Tertullien, *Apologeticus adversus gentes pro Christianis*, c. XXIII. *Patrologie latine* de Migne, t. I, col. 418.

est impossible à reproduire à volonté ? Devra-t-on n'admettre l'existence d'une maladie, peste ou choléra, que le jour où la médecine pourra la provoquer expérimentalement ?

§ 3. — *La vraie méthode de vérification du miracle.*

L'enfant qui vient de naître existe alors même que le médecin de l'état civil n'est pas encore venu reconnaître officiellement son existence. Les rayons X de Rœntgen existaient antérieurement à l'époque (1896) où ce savant les a pour la première fois observés, etc., etc. L'existence d'un fait, en un mot, est indépendante de sa vérification. Existence et vérification sont deux idées bien distinctes. S'attribuer le droit de modifier la description des faits et poser en principe qu'un récit miraculeux ne peut être admis comme tel, *parce qu'il n'y a pas eu jusqu'ici de miracle constaté*, ce serait donc les confondre et montrer son impuissance à les distinguer l'une de l'autre.

Y a-t-il jamais eu de miracle constaté ? Avant de répondre à cette question et même de chercher à la résoudre, le savant peut et doit refuser d'admettre un principe qui autorise à dénaturer les faits, en les mettant dans une sorte de lit de Procuste. Raconter les faits tels qu'ils sont et non tels qu'ils pourraient être, c'est la première règle de la méthode qui le guide. S'il est incapable de donner l'explication d'un phénomène, il se borne à en enregistrer l'existence. S'il est impuissant à constater cette existence même, il dit franchement, loyalement : je ne sais pas ; j'ignore. Mais toujours il prend bien garde de conclure de l'absence de vérification à l'absence d'existence. Jamais il ne s'arroge le droit de modifier la description d'un fait pour les besoins d'une théorie ou d'un système.

La science ne prend naissance qu'au moment où les causes se dégagent des faits et arrivent à la connaissance de l'homme. Se limiter arbitrairement à l'observation des phénomènes et s'interdire systématiquement toute recherche de leurs causes, c'est s'arrêter volontairement à la première étape de la méthode scientifique. Aussi la vérification du miracle demande-t-elle deux opérations bien distinctes, quoique trop souvent confondues : la première a pour but de constater l'existence même du phénomène sensible; et la seconde d'en déterminer la nature et la cause.

L'existence du fait, tous peuvent la reconnaître. Mais la science ne saurait se contenter de témoignages douteux ni d'attestations vagues. Elle apprécie la valeur des témoins et écarte impitoyablement les témoignages « par ouï-dire », aussi bien que les dépositions suspectes et peu concluantes. L'existence du fait supposé miraculeux doit toujours être affirmée par des témoins oculaires, *de visu*. Chaque témoin n'a à dire que ce qu'il a vu de ses propres yeux, entendu de ses propres oreilles, touché de ses propres mains. Un seul témoignage est insuffisant, selon l'adage juridique : *Testis unus, testis nullus*. Il faut au moins deux ou trois témoins affirmant le fait avec ses circonstances.

Ce fait peut exister d'une manière certaine et n'être cependant pas miraculeux. L'ignorance ou la crédulité ont parfois appelé miracles des phénomènes explicables par les forces de la nature ; et l'on s'est même autorisé de ces erreurs pour nier jusqu'à la possibilité du miracle, oubliant que tout phénomène a été ou peut être l'objet d'une semblable méprise. Ce qu'il faut alors mettre en doute, c'est la science de l'observateur et non le fait lui-même. *Non crimen artis quod professoris est*. La seule conclusion logique à tirer de ces erreurs de diagnostic, c'est qu'il ne faut pas confondre la question d'existence avec celle de nature.

L'existence du fait, tous la constatent, savants et ignorants, croyants et incroyants. En présence d'événements comme celui de Lazare sortant vivant du tombeau où il est déposé depuis quatre jours, tous les observateurs, de bonne foi et sains d'esprit, ne peuvent qu'être d'accord pour en affirmer l'existence.

Mais, pour en reconnaître la nature, il faut savoir, au moins implicitement, qu'un cadavre ne reprend pas naturellement la vie qu'il a perdue. Le miracle implique essentiellement un fait et une loi. En présence d'un fait extraordinaire et évident, l'esprit humain demeure dans le doute s'il ignore la loi correspondant à ce fait, ou tombe dans l'erreur s'il n'en a pas une suffisante connaissance. Aussi tous ne peuvent-ils pas, par eux-mêmes, résoudre la question de nature. Seuls les hommes compétents, instruits des lois de la science, sont à même de la trancher.

Cette méthode rationnelle, terre à terre, distinguant nettement l'existence du fait, d'une part, et, d'autre part, sa nature et sa cause, procédant avec une extrême lenteur et une grande circonspection, est précisément la méthode que suit depuis des siècles l'Eglise catholique [1]. On sait que, pour inscrire un chrétien au nombre des Saints qu'elle honore, l'Eglise romaine n'exige pas seulement la preuve qu'il a, pendant sa vie, pratiqué dans un degré héroïque les vertus cardinales (prudence, justice, force, tempérance) et théologales (foi, espérance, charité) ; elle demande encore la preuve de quatre miracles au moins, deux pour la béati-

---

1. Cf. Benoît XIV, *De servorum Dei beatificatione et beatorum canonizatione*, lib. II, III et IV.

fication et deux pour la canonisation, obtenus de Dieu par l'intercession du chrétien en cause [1].

L'enquête qu'elle fait faire sur les lieux mêmes où se sont accomplis les miracles proposés, ne vise que la question d'existence. C'est à un tribunal spécial, la Congrégation des Rites, qu'il appartient de résoudre la question de nature et de juger si le fait rentre ou non dans la classe des miracles. Dans chaque cause, il y a non seulement un défenseur de la réalité des miracles proposés, mais encore un membre, le Promoteur de la Foi, chargé de faire toutes les objections possibles contre cette réalité. L'Eglise ordonne, — et cela depuis des siècles, — de prendre l'avis des médecins, des chirurgiens, des physiciens, en un mot de tous les hommes compétents [2].

Tous les documents sont imprimés et un exemplaire en est remis à chaque membre du tribunal. J'ai sous les yeux les pièces de la procédure relative à deux guérisons miraculeuses proposées pour la canonisation du bienheureux Laurent de Brindisi. Elles forment trois volumes in-4°, l'un *Positio super miraculis* (Romæ, 1876) de 230 pages ; un autre *Nova positio super miraculis* (Romæ, 1878) de 143 pages ; et le dernier *Novissima positio super miraculis* (Romæ, 1879) de 52 pages. Le premier volume comprend quatre parties :

1° *Informatio*, ou exposé des faits ;

2° *Summarium*, ou résumé des procès-verbaux de l'enquête, dans la langue même parlée par les témoins, au nombre desquels se trouvent les médecins traitants ;

<hr>

1. Benoît XIV, *De servorum Dei beatificatione et beatorum canonizatione*, lib. I, c. XXII, n. 10, éd. de Rome, 1747, t. I, p. 196.
2. Benoît XIV, *op. cit.*, lib. I, c. XIX, n° 17, t. I, p. 181.

3° *Animadversiones*, ou objections soulevées par le Promoteur de la Foi ;

4° *Responsio ad animadversiones*, ou réponses à ces objections par l'avocat de la cause.

Le second volume contient, avec de nouvelles objections et leurs réponses, les rapports de trois médecins italiens. Enfin le troisième volume renferme, outre les dernières objections du Promoteur de la Foi et les réponses de l'avocat de la cause, l'avis motivé d'un quatrième médecin.

Chaque miracle est examiné par la Congrégation des Rites dans trois séances différentes. Le vote n'a lieu qu'à la dernière, en présence du Pape. Si le fait est jugé miraculeux, le Pape, sans se prononcer lui-même sur la réalité du miracle, se borne à demander les prières des personnes présentes pour obtenir les lumières du Saint-Esprit. Il n'est pas rare de voir la Congrégation des Rites refuser d'admettre le caractère miraculeux des faits soumis à son appréciation. Sa sévérité est depuis longtemps connue. Déjà, au commencement du XVIIIe siècle, le Père Daubenton citait cette curieuse anecdote.

« Un Gentilhomme Anglois étant venu à Rome, il arriva, je ne sçai comment, qu'un Prelat Romain avec qui il étoit en liaison, lui donna à lire un Procès qui contenoit la preuve de plusieurs miracles. Le Protestant le lut avec beaucoup d'attention et de plaisir. Puis en le rendant : *Voilà certainement*, dit-il, *la plus sure manière de prouver les miracles. Si tous ceux que l'on reçoit dans l'Église Romaine, étoient établis sur des preuves aussi évidentes et aussi authentiques que ceux-cy le sont, nous n'aurions aucune peine à y souscrire ; et par là vous vous sauveriez de toutes les railleries que nous faisons de vos prétendus miracles. — Eh bien*, répliqua le Prelat, *sçachez que de tous ces miracles qui vous paroissent si avérez et si bien appuyez, aucun n'a été admis par la Congrégation des Rites, parce qu'ils n'ont pas paru suffisamment prouvez.* Le Protestant étonné de cette réponse, qu'il n'attendoit pas, avoua qu'il n'y avoit qu'une aveugle prévention qui pût combattre la Canonisation des Saints ; et qu'il ne se seroit jamais figuré que l'attention de l'Eglise Romaine allât si loin dans l'examen qu'elle fait de leurs miracles [1]. »

Existe-t-il, en effet, une seule des observations qui font foi dans la science, en chimie, en physique ou en biologie, qui ait été l'objet d'une attention plus scrupuleuse ? Rien n'est omis de ce qui peut contribuer à mettre en évidence la réalité et la nature du fait. Les enquêtes de l'Eglise catholique ne se distinguent des enquêtes de la *Society for psychical Research*, si souvent citées comme modèles, que par une plus grande sévérité. Elles constituent une mine presque inépuisable de faits dont l'existence ne saurait être légitimement mise en doute. Ce serait rejeter toute certitude fondée sur le témoignage humain et détruire la base même de tout enseignement scientifique.

Les miracles approuvés par l'Eglise, au cours des procès de canonisation, ne font pas partie des vérités de foi. Ce n'est pas au nom de la foi, c'est au nom de la raison que l'Eglise demande à ses fidèles de croire à la réalité des miracles qu'elle approuve. Nulle loi positive ne force à les admettre. L'infaillibilité que l'Eglise professe jouir en cette matière, ne porte pas sur les considérants du jugement, mais sur le jugement lui-même déclarant que le chrétien

1. R. P. Daubenton, *La vie du bienheureux Jean-François Regis*, Paris, 1716, p. 334.

en cause est un Saint, qu'il fait partie de l'Eglise triomphante du ciel [1].

Quand il existe depuis des siècles, au centre du monde civilisé, un contrôle aussi public et aussi sévère des phénomènes dits miraculeux, refuser de passer à l'examen de ces faits, rejeter *a priori* l'hypothèse du miracle et prétendre qu'elle repose uniquement sur des attestations vagues ou des témoignages douteux, ce serait faire preuve d'une singulière ignorance ou d'un aveugle parti pris.

1. Benoît XIV, *op. cit.*, lib. I, c. XLIII, t. I, p. 420 ; lib. III, cap. ult., n. 15, t. III, p. 806.

CHAPITRE IV

LA RÉALITÉ DU MIRACLE.

Il est un fait autour duquel gravitent toutes les discussions sur le miracle, c'est la Résurrection de Jésus-Christ. Amoureusement vénérée par les uns, haineusement combattue par les autres, la Résurrection de Jésus attire les regards de tous, catholiques et non catholiques, savants et ignorants. Depuis vingt siècles elle est la pensée constante de l'humanité, à tel point que sans elle l'histoire devient incompréhensible. Cette pensée, à la fois historique et toujours actuelle, correspond-elle à quelque réalité ? Voilà la question fondamentale. La réponse implique, à elle seule, la solution du problème du miracle.

ARTICLE I. — LA MORT DE JÉSUS.

L'existence même de Jésus n'a jamais été sérieusement contestée ; elle a une certitude égale, sinon supérieure, à celle de tout autre fait. Elle n'est contestable qu'à la condition d'aller contre toutes les règles de la logique.

Qui doute de l'existence de César ? Personne. C'est que le témoignage des historiens est confirmé par des monuments de l'époque, par des inscriptions, des armes, des camps retranchés dans les Gaules, etc. Ces éléments de certitude existent pour la vie de Jésus [1], et à tous vient s'ajouter le

1. Cf. V. Guérin, *La Terre Sainte*, Paris, librairie Plon ; Rohault de

témoignage d'un fait encore actuellement vérifiable : l'existence de l'Eglise. L'empire de César est depuis longtemps disparu ; l'Eglise, au contraire, fondée par le Christ, est encore aujourd'hui debout.

C'est sous le règne de l'empereur romain Tibère que Jésus commence sa vie publique. Il parcourt la Judée et la Samarie, entraînant à sa suite de grandes foules de peuple. Sa popularité ne tarde pas à préoccuper les chefs des Juifs. Dès le temps de la fête des Tabernacles, qui se célébrait au mois de septembre, les princes des prêtres et les anciens du peuple conspirent sa mort et l'obligent à voyager secrètement [1]. Ils craignent son élévation à la royauté et, comme conséquences, la perte de leur influence et l'envoi d'une armée pour maintenir la domination de Rome sur la Judée.

C'est au nom de l'intérêt général et pour éviter à leur pays les horreurs de la guerre qu'ils se réunissent et cherchent les moyens de s'emparer sans bruit de Jésus. La trahison de Judas vient leur fournir l'occasion désirée.

Maîtres de la personne de Jésus, ils le condamnent à mort pour avoir osé prétendre qu'il était le Messie, Fils de Dieu [2]. Mais depuis que leur patrie est sous la domination de Rome, les Juifs n'ont plus le droit de faire exécuter une sentence capitale sans le consentement du gouverneur romain. Aussi, dès le vendredi matin, conduisent-ils Jésus devant Ponce-Pilate. Ils ne le traitent plus seulement de blasphémateur ; ils l'accusent encore d'être un perturbateur de la tranquillité publique et de vouloir se faire proclamer roi [3]. Pilate inter-

Fleury, *Mémoire sur les instruments de la Passion*, Paris, librairie Letouzey ; C. Fouard, *La Vie de N.-S. Jésus-Christ*, librairie Lecoffre ; etc., etc., etc.

1. Joan., VII.
2. Matth., XXVI, 63-64 ; Marc., XIV, 61-62 ; Luc., XXII, 70-71.
3. Matth., XXVII, 2-11 ; Luc., XXIII, 2-7.

roge l'accusé, ne le trouve pas coupable et hésite à ratifier la sentence de mort. Mais, à la fin, l'insistance des Juifs et la crainte de désordres dans la rue le décident d'abord à faire flageller Jésus, puis à le livrer pour être crucifié.

Trois jours plus tard, le tombeau du Christ est vide et les Apôtres affirment que leur Maître en est sorti vivant. En dehors de toute question sur la divinité et la mission de Jésus avons-nous une preuve absolue de sa mort et de sa résurrection ?

§1. — *Les fakirs de l'Hindoustan ; la vie latente.*

Jésus a été crucifié le vendredi vers midi, en présence et à l'instigation de ses ennemis qui veulent sa mort. Quelques heures plus tard, un soldat transperce son côté d'un coup de lance. Puis, vers le soir du même jour, le corps est détaché de la croix, entouré de parfums et de linceuls, et mis dans un tombeau taillé dans le roc [1].

Jésus a été enseveli. A-t-il été enseveli vivant ?

Certains fakirs de l'Inde, à en croire plusieurs auteurs, auraient la faculté de rester ensevelis sous terre, sans donner aucun signe de vie autre que la non-décomposition de leur corps. La plupart des récits se rapportent à un seul et même fakir, qui vivait vers 1838 dans une province de l'Hindoustan, le Penjab. Ils sont empruntés au journal de voyage du capitaine W. G. Osborne, plus connu sous le nom de lord William Godolphin.

Cet officier écrit, à la date du 6 juin 1838 [2] : « La monoto-

____

1. Matth., XXVII ; Marc., XV ; Luc., XXII et XXIII; Joan., XIX.
2. W. G. Osborne, Military Secretary to the Earl of Auckland, Governor General of India, *The Court and Camp of Runjeet Sing*, London, 1840, p. 123.

nie de la vie de camp est rompue ce matin par l'arrivée d'un personnage célèbre dans le Penjab. C'est un fakir que les Sihks ont en grande vénération, parce qu'il prétend pouvoir se faire enterrer vivant et rester ainsi n'importe quel temps. Il déclare exercer cette profession, si l'on peut ainsi dire, depuis plusieurs années. Le capitaine Wade, agent politique à Loudhiana, m'a dit l'avoir vu rappeler à la vie après une inhumation de quelques mois. Le général Ventura, officier italien au service de Runjeet Sing [1], l'avait fait enterrer en présence de ce Maharajah et de ses principaux Sirdars. Voici, autant que je puis me les rappeler, les faits observés par le général Ventura. Après une préparation de quelques jours qu'il serait trop répugnant de raconter en détail [2], le fakir se déclare prêt à être enterré dans le caveau construit pour lui, sur l'ordre du Maharajah. A l'arrivée de Runjeet et de sa cour, il fait en leur présence ses derniers préparatifs. Après avoir bouché avec de la cire ses oreilles, ses narines et toute ouverture, excepté la bouche, on le déshabille et on le met dans un sac de toile. La langue est retournée en arrière, et aussitôt le fakir tombe dans une sorte de léthargie. Le sac est fermé, scellé avec le propre cachet de Runjeet, et mis dans un coffre de bois blanc également fermé à clef et cacheté. Le coffre est alors placé dans un caveau ; de la terre est jetée dessus, foulée aux pieds et ensemencée avec de l'orge ; enfin des factionnaires sont placés tout autour.

Le Maharajah, dans sa défiance, le fait retirer deux fois pendant les dix mois que le fakir passe sous terre, et le trouve exactement dans la même position, sans aucun signe apparent de vie. C'est à la fin des dix mois que le capitaine Wade

---

1. W. G. Osborne, *loc. cit.*, p. 161.
2. The details of which are too disgusting to dilate upon (*loc. cit.*, p. 125).

accompagne le Maharajah et assiste à l'exhumation du fakir qu'il examine personnellement et minutieusement : il s'assure que tout signe de vie est complètement disparu. Il voit ouvrir les serrures, briser les cachets et sortir le coffre. Lorsque l'homme en est tiré, pas la moindre pulsation n'est perceptible ni au poignet ni au cœur. On commence par introduire un doigt dans la bouche et à forcer la langue à reprendre sa position habituelle. Ce qui est quelque peu difficile. Le capitaine Wade constate une chaleur très prononcée au sommet de la tête, mais partout ailleurs le corps est froid et d'apparence normale. Pour ramener le fakir à la vie, on se borne à verser sur lui une quantité d'eau chaude ; au bout de deux heures l'homme est aussi bien que jamais [1]. »

Le capitaine W. G. Osborne donne encore d'autres détails intéressants empruntés à la relation du D[r] Mc Gregor, qui assistait avec le capitaine Wade à l'exhumation. D'après ce récit, le fakir serait resté inhumé, non pas dix mois, mais seulement quarante jours [2]. « A l'ouverture du coffre, dit le D[r] Mc Gregor, le drap blanc qui recouvre son corps une fois enlevé, le fakir apparaît dans la position d'un homme assis, les bras et les mains allongés sur les côtés, les cuisses et les jambes croisées. Tout d'abord une quantité d'eau chaude est versée sur la tête, puis un gâteau chaud de *otta* placé sur le sommet du crâne, ensuite un tampon de cire est retiré de l'une des narines, et l'homme se met à respirer fortement. La bouche est alors ouverte et la langue, ramenée en avant dans sa position ordinaire, est frottée ainsi que les lèvres avec un peu de *ghee*. Aucune pulsation n'est encore perceptible au poignet, bien que la température du corps soit beaucoup plus élevée qu'à l'état normal. Les bras

1. W. G. Osborne, *loc. cit.*, p. 123-128.
2. W. G. Osborne, *loc. cit.*, p. 131 en note.

et les jambes sont étendus et bien frictionnés, les paupières ouvertes et ointes avec un peu de *ghee*. Les prunelles sont ternes comme celles d'un cadavre. Enfin le pouls commence à devenir perceptible, et la température anormale du corps baisse rapidement. Le fakir fait quelques efforts infructueux pour parler, puis parvient à prononcer quelques mots d'une voix si faible et si basse qu'ils sont inintelligibles. Mais, peu à peu, il reprend l'usage de la parole, reconnaît quelques-uns des assistants et parle au Maharajah qui était assis en face de lui, surveillant tous ses mouvements. —

« Dès qu'il commence à parler, la réussite de son expérience est annoncée par des coups de fusil et autres démonstrations de joie. Runjeet place autour du cou du fakir une belle chaîne d'or et lui donne des boucles d'oreille, des breloques et des châles [1]. »

« Lorsque ce fakir se présenta au camp anglais, le 6 juin 1838, il avait l'apparence d'un homme d'une trentaine d'années, à la physionomie rusée et peu sympathique. Pour nous convaincre qu'il n'était pas un imposteur, ajoute le capitaine W. G. Osborne, il nous proposa de se laisser enterrer aussi longtemps que nous le voudrions. Nous le prîmes au mot et il doit être enterré à notre arrivée à Lahore [2]. »

Le capitaine et ses compagnons arrivent dans la capitale du Penjab le 16 juin 1838 et font construire au milieu d'une petite chambre circulaire située au rez-de-chaussée d'une tour, un caveau en maçonnerie [3]. Le 29 juin, après avoir fait les préparatifs nécessaires d'âme et de corps, le fakir se déclare impatient de nous convaincre qu'il n'est pas un imposteur. Je vais le voir au lever du soleil ; je le

1. W. G. Osborne, *loc. cit.*, note des pages 130-134.
2. W. G. Osborne, *loc. cit.*, p. 128.
3. W. G. Osborne, *loc. cit.*, p. 162.

trouve en prières, assis sur la terre nue. Il est manifestement plus nerveux et plus effrayé qu'il n'en veut convenir, et il n'a plus la belle confiance des jours passés.

« A midi, heure précédemment choisie, nous nous réunissons tous. Le fakir est entouré de Gooros et d'une foule de prêtres de sa religion. il a beaucoup perdu de son courage depuis le matin. Il commence par nous dire que nous ne lui avons pas promis de récompense. Nous lui répondons que nous aurions craint d'offenser un homme de sa sainteté en lui en proposant une ; mais que, telles étant ses dispositions, nous sommes d'accord pour lui donner quinze cents roupies, s'il sort vivant du caveau à la fin de la semaine, et que Runjeet Sing lui promet un *jaghir* de deux mille roupies par an.

« Il demande alors à connaître les précautions prises. Nous lui montrons deux cadenas pour le coffre et deux pour la porte du caveau, lui disant que les clefs de l'un des deux cadenas de la porte et du coffre seront remises à la personne qu'il nous désignera, et que nous garderons nous-mêmes les autres. Toutes les serrures seront scellées avec nos propres cachets ; l'entrée extérieure de la chambre où est le caveau sera murée ; et des factionnaires, choisis parmi nos soldats, placés jour et nuit autour de la tour jusqu'à la fin de l'expérience, c'est-à-dire pendant une semaine.

Le fakir est évidemment effrayé et fait des objections aux arrangements qu'il a lui-même proposés la veille. Il insiste pour qu'une clef de toutes les serrures soit laissée à la garde de ses amis. Il demande de placer les scellés à un endroit où ils seraient complètement inutiles, et, de plus, de ne choisir aucun soldat musulman comme factionnaire.

« Après une heure de discussion, le fakir maintenant ses

prétentions et nous-mêmes étant bien résolus à ne pas nous laisser duper, nous nous levons pour partir. Il entre alors dans une violente colère contre les Anglais en général et nous en particulier, disant que nous ne sommes venus à Lahore que pour lui faire perdre sa réputation et le faire passer pour un imposteur, etc., etc. Après avoir inutilement essayé de le calmer, nous le quittons bien convaincus qu'il est en effet un imposteur.

« Dans la soirée il m'envoie un message par l'un des sirdars de Runjeet Sing. En présence du mécontentement du Maharajah et dans la crainte de perdre sa réputation, il se décide à accepter nos conditions ; mais il est persuadé, dit-il, que notre seul but est de le faire mourir et que nous savons bien qu'il ne sortira jamais vivant. Je lui réponds, ajoute le capitaine W. G. Osborne, que je suis aussi certain que lui de ce dernier fait, que je ne veux pas avoir sa mort sur la conscience et que dès lors, lui-même reconnaissant le danger de l'expérience, je dois refuser d'avoir plus longtemps affaire avec lui [1]. »

M. l'abbé Ribet, dans sa *Mystique*, cite d'après de Mirville [2] un fait semblable au précédent et concernant peut-être aussi le même fakir. Le voici.

« Je fus un jour, dit un témoin oculaire, invité à Tangore, dans le Dekkan méridional, à la plus singulière cérémonie. Il ne s'agissait de rien moins que de l'exhumation d'un fakir enterré vivant depuis vingt jours. Ce fakir avait été, en présence d'officiers anglais et d'une foule immense d'Européens et d'indigènes, descendu dans un tombeau qu'on recouvrit de terre, qu'on entoura de factionnaires et qu'on ne devait ouvrir que lorsque le vingtième jour serait écoulé.

1. W. G. Osborne, *loc. cit.*, p. 169-175.
2. De Mirville, *Des esprits*, 3e mémoire, 1er vol., Appendice A, p. 66.

Ce délai expiré, l'ouverture eut lieu en présence d'un dé-
légué du gouvernement. Les fossoyeurs, saisissant leurs
pelles, commencèrent à dégager le tombeau de la terre et des
herbes qui le couvraient. Puis, après avoir passé de longs
bambous dans les boucles scellées aux angles de la large
pierre qui en fermait l'entrée, huit solides Hindous la soulevèrent, et, la faisant glisser, laissèrent béante l'ouverture
du caveau d'où s'échappa un air lourd et méphitique.

Au fond du trou maçonné, de six pieds carrés, était un
long coffre de bois de teck, solidement joint avec des ais
de cuivre. Sur chacune des parois étaient ménagées de petites ouvertures de quelques centimètres, pour que l'air pût
passer. On glissa des cordes sous les extrémités de la bière,
on la hissa sur le sol ; et la partie intéressante de l'exhumation commença.

«Dans cette foule de huit à dix mille individus appartenant
à toutes les classes, à tous les rangs, à toutes les castes,
s'était fait un silence de mort. On n'entendait que les gé-
missements des vis dans le bois et les psalmodies des
brahmes, pour lesquels ce qui se passait avait un caractère
essentiellement religieux. Si habitué que je fusse moi-même
aux mœurs indigènes, j'éprouvais une vive émotion. Le cer-
cle s'était resserré autour des cipayes qui formaient la haie,
tous les regards se fixaient sur la bière. Le couvercle sauta
enfin sous un dernier effort des travailleurs ; et je pus voir
couché sur des nattes un long corps maigre et à demi-nu,
dont la face cadavéreuse ne donnait plus aucun signe d'existence.

« Un brahme s'approcha et souleva hors du coffre une tête
décharnée, momifiée et dans un état incompréhensible de
conservation après un aussi long séjour dans la terre. C'était
la tête d'un cataleptique et non pas celle d'un mort. Elle

avait gardé la position que lui avait donnée le brahme, après avoir passé à plusieurs reprises les mains sur les yeux, qui étaient ouverts, fixés, dirigés en avant. On eût dit un visage de cire.

« Deux hommes soulevèrent le corps et, le tirant du coffre, le posèrent à terre sur une natte. Je n'avais jamais vu semblable maigreur. La peau sèche et ridée du fakir était collée sur ses os ; on eût certainement pu faire sur lui un cours d'anatomie. A chacun des mouvements que les porteurs imprimaient à ses membres couverts de taches livides, scorbutiques, je les entendais craquer comme s'ils eussent été liés les uns aux autres par des charnières rouillées.

« Lorsque le désenseveli fut assis, le brahme lui ouvrit la bouche et lui introduisit entre les lèvres à peu près un demi-verre d'eau, puis il l'étendit de nouveau et se mit à le frictionner de la tête aux pieds, doucement d'abord, plus rapidement ensuite. Pendant près d'une heure le corps ne fit aucun mouvement ; mais au moment où les Anglais incrédules commençaient à se moquer de l'Hindou, le fakir ferma les yeux, puis les rouvrit aussitôt en poussant un soupir. Un hourrah s'éleva parmi les indigènes. Le brahme recommença ses frictions ; bientôt l'enterré remua un bras, une jambe, et, presque sans secours, se souleva sur son séant en portant autour de lui un regard morne et vitreux. Il ouvrit la bouche, remua les lèvres, mais ne put prononcer un mot. On lui donna à boire ; et dix minutes ne s'étaient pas écoulées que, soutenu par le brahme, il s'éloigna à pas lents de son tombeau, au milieu de la multitude qui s'agenouillait sur son passage, tandis que les autorités avaient peine à cacher leur désappointement.

« Après le départ du fakir, des curieux s'étaient précipités dans le caveau ; mais ils avaient eu beau en sonder toutes les parois, en démolir la maçonnerie et creuser le sol, rien n'était venu donner aux incrédules la clef de l'énigme. Il avait été matériellement impossible à l'Hindou de sortir de son tombeau. Aucune issue n'existait ; et les factionnaires n'avaient pas cessé, pendant ces vingt jours qu'il y avait été enfermé, de le garder nuit et jour. Je demandai quels avaient été ces factionnaires ; on me répondit qu'on n'avait admis parmi eux aucun cipaye et qu'ils avaient été pris tous parmi les soldats anglais [1]. »

Les faits relatifs aux fakirs de l'Hindoustan n'ont pas encore acquis droit de cité dans la science ; mais, à les supposer authentiques, ils rentreraient dans cette grande loi physiologique aujourd'hui bien connue, savoir : Il y a une distinction réelle entre l'aptitude à vivre et les manifestations vitales. En d'autres termes, la vie se présente à l'observation sous deux formes très distinctes : 1° la vie proprement dite ou vie active, vie consciente, vie actuelle, vie appréciable ; 2° la vie latente, vie en puissance, vie virtuelle, vie sans manifestation apparente.

Dans la première forme, l'être vivant jouit de toutes ses facultés ; dans la seconde, il manque des conditions nécessaires à leur exercice. Il paraît mort, mais il se distingue nettement du cadavre par l'aptitude à vivre qu'il conserve et qu'il manifeste à nouveau, dès que les circonstances redeviennent favorables. Les exemples de vie latente ou virtuelle, chez les plantes et les animaux, sont depuis longtemps connus dans la science. C'est ainsi que Gérardin a fait germer des graines de haricot conservées depuis plus de cent ans, au Jardin des plantes de Paris, dans l'herbier de Tour-

<hr>

1. Ribet, *La Mystique divine* distinguée des contrefaçons diaboliques et des analogies humaines. Paris, 1883, t. III, p. 114-117.

nefort [1]. Spallanzani a vu revivre des Rotifères restés pendant plus de trois ans, sous la forme d'une poussière sèche et inerte [2]. Le fait du fakir de l'Inde, s'il était confirmé, viendrait se ranger dans la même classe d'observations et prouver que le corps humain peut, dans certaines conditions encore insuffisamment déterminées, suspendre aussi les manifestations de sa propre vie, tout en conservant l'aptitude à vivre.

Pendant son inhumation, le fakir est dans un état de sommeil analogue à celui des animaux hibernants tels que la marmotte, ou mieux encore comparable à celui de l'hypnotisé. Il ne perd pas toute activité psychique : il a des pensées et des rêves très agréables ; il souffre au moment où on cherche à le tirer de sa léthargie [3]. L'activité nutritive est réduite au minimum : ses ongles et ses cheveux cessent de pousser [4]. D'autre part, ce n'est pas dans une fosse creusée en pleine terre, mais dans un caveau en maçonnerie, c'est-à-dire dans un milieu à température constante, qu'est déposé le coffre. Et le maharajah, en faisant ouvrir deux fois le caveau, a par là même facilité le renouvellement de l'air. Le coffre en bois résistant, qui contient sans doute comme nos cercueils au moins cent litres d'air, porte sur chaque paroi de petites ouvertures. Tous ces détails permettent d'affirmer que l'air respirable ne fait pas entièrement défaut au fakir. Le renversement de la langue en arrière ne ferme pas complètement l'orifice du larynx et n'empêche pas la respiration de

1. P. de Candolle, *Physiologie végétale*, Paris, 1832, t. II, p. 622.
2. Spallanzani, *Opusc. de physique animale et végétale*, traduction Senebier, Pavie et Paris, 1787, t. II, p. 214.
3. He states that his thoughts and dreams are most delightful, and that it is painful to him to be awoke from his lethargy (W. G. Osborne, *loc. cit.*, p. 129).
4. His nails and hair cease growing (W. G. Osborne, *loc. cit.*, p. 120).

se faire. Je l'ai maintes fois observé chez l'hystérique où ce renversement se produit consécutivement à la contracture des muscles de la langue. D'ailleurs l'air lourd et méphitique qui s'échappe à l'ouverture du caveau prouve, par ses caractères, qu'il y a eu respiration. Enfin les observations de jeûne prolongé ne manquent pas dans la science.

Il est donc vraisemblable que l'entraînement subi par le fakir, avant son inhumation, a pour but de lui permettre de résister à une longue privation d'aliments et de vivre en ne consommant qu'une très faible quantité d'air, dans un état de sommeil comparable à celui de l'hypnotisé et des animaux hibernants.

Quoi qu'il en soit, le fakir est enterré vivant d'une vie sensible et manifeste aux yeux de tous ; et, quand il est déterré, il n'a pas l'aspect d'un cadavre. Sa tête ne retombe pas inerte comme celle du mort : elle garde la position qu'on lui donne ; c'est la tête d'un cataleptique. Le corps n'est pas froid : le sommet de la tête est le siège d'une très vive chaleur. En un mot, le fakir, n'ayant jamais été mort, ne ressuscite pas. Il reprend seulement l'exercice de fonctions vitales qu'il n'a jamais perdues, qu'il a toujours possédées en puissance.

La mise au tombeau de Jésus n'est nullement comparable à celle du fakir. L'expérience de l'Hindou est longue à préparer, difficile à exécuter, plus difficile encore à faire complètement réussir. Elle exige des conditions extrêmement complexes, et ces conditions n'existaient certainement pas pour Jésus.

Le corps du fakir ne présente aucune plaie, aucune solution de continuité ; ses ouvertures naturelles, à l'exception de la bouche, sont même soigneusement fermées. Jésus, au contraire, est mis au tombeau le corps meurtri, sanglant, déchiré par la flagellation et le couronnement d'épines, blessé par la crucifixion et le coup de lance.

Le corps du fakir, libre de toute entrave, est complètement nu dans un sac de toile. Jésus, au contraire, est enseveli selon la mode juive : près de cent livres de parfums le couvrent ; des bandelettes lient ses bras et ses jambes [1].

Le fakir est absolument incapable de passer de la vie latente à la vie active, volontairement et par ses propres efforts. Une fois tiré de son coffre, il ne reprend les fonctions de la vie qu'après des soins habiles et prolongés parfois pendant deux heures. Il est incapable de sortir seul du tombeau ; il a besoin d'être entouré d'amis intéressés au succès de son expérience ; et cette condition est si importante qu'il hésite à se mettre entre les mains d'Européens. En un mot, les autorités civiles et religieuses du pays lui sont favorables. Jésus, au contraire, est condamné à mort par ces mêmes autorités ; il est entre les mains, non pas d'amis ou de curieux, mais d'hommes hostiles et désirant ardemment sa mort.

Le fakir enfin est vivant aux yeux de tous, quand il est descendu dans son caveau. Jésus, au contraire, s'il était vivant quand il fut déposé dans le sépulcre, avait tout au moins l'apparence d'un mort. Les soldats, envoyés pour briser les jambes des crucifiés, l'ont vu mort [2]. D'ailleurs la haine des Juifs, la puissance que leur donne la libre disposition des deux autorités civile et religieuse, la condamnation à mort de Jésus et les circonstances mêmes du crucifiement autorisent à affirmer avec certitude que le Christ

1. Matth., XXVII, 59 ; Marc., XV, 46 ; Joan., XIX, 39-40.
2. Viderunt eum jam mortuum (Joan., XIX, 33).

ne fut pas mis au tombeau vivant, comme le fakir de l'Inde, d'une vie sensible et manifeste.

§ 2. — *La mort apparente ; les crucifiés jansénistes.*

La mort apparente, qu'on appelle si souvent léthargie[1] dans le langage vulgaire, se caractérise par l'arrêt de toutes les manifestations sensibles de la vie. Les facultés intellectuelles, sensorielles et motrices n'agissent plus. La respiration, le pouls, les battements du cœur deviennent imperceptibles. Puis, après un certain laps de temps, toutes ces fonctions se rétablissent et reprennent leur activité première.

La mort apparente est beaucoup plus rare qu'on ne le pense d'ordinaire. Les faits si souvent cités de Vésale et de l'abbé Prévôt ne sont pas authentiques. Il en est de même de la plupart des cas publiés par la presse. « Lorsque je lis un fait divers de ce genre dans un journal », remarque le professeur Brouardel, doyen de la Faculté de médecine de Paris, « je fais, ainsi que Bouchut, M. Tourdes, M. Armaingaud l'ont fait, une enquête. J'écris au maire, au médecin des épidémies, je leur demande si les faits sont réels. On me répond ou bien que cette histoire est inconnue dans le pays, ou bien que la personne désignée n'est pas morte et n'a pas été mise en bière[2]. »

Quoi qu'il en soit de sa fréquence, la mort apparente n'en est pas moins un phénomène réel, incontestable et d'ailleurs incontesté. D'autre part, le Bréviaire romain nous apprend

---

1. Dans la langue médicale, le mot *léthargie* désigne seulement un sommeil morbide profond, mais dont le malade peut être tiré. Le pouls et la respiration continuent d'être perceptibles.

2. Brouardel, *La mort et la mort subite*, Paris, 1885, p. 35.

que saint Félicien est resté trois jours crucifié sans mourir ;
il était lié à un tronc d'arbre, ses pieds et ses mains n'étaient
pas transpercés par des clous. Hérodote signale un fait analogue [1]. De même Josèphe ; cet historien, reconnaissant trois
de ses amis parmi les Juifs crucifiés au siège de Jérusalem,
demande à Titus leur grâce et l'obtient. Malgré des soins
empressés deux meurent, le troisième seul survit [2].

Jésus, crucifié le vendredi vers midi, est déjà mort le
même jour vers trois heures, d'après l'Évangile. Quelques
heures de suspension à la croix sont-elles suffisantes pour
déterminer une mort réelle ? Jésus n'était-il pas en état de
mort apparente, lorsqu'il fut mis au tombeau ?

La *Correspondance littéraire de Grimm* [3] contient la
relation de plusieurs crucifiements tentés au XVIII° siècle
par les Jansénistes et les convulsionnaires du diacre Pâris.
La croix n'était pas entièrement verticale, mais ou couchée
par terre ou bien appuyée contre un mur. Le corps des
crucifiées était soutenu pour l'empêcher d'agrandir par son
propre poids les plaies des mains et des pieds. Ainsi on
passe à l'une d'elles, Françoise, « plusieurs livres et une
petite planche sous le bras, pour le lui soutenir à différents
endroits et aussi la tête ; on lui met un manchon sous le dos ».
Les amis qui l'entourent, s'efforcent de calmer ses dou-
leurs et étanchent le sang de ses plaies. A un moment,
Françoise appelle le directeur : « Je souffre, je n'en puis
plus, frottez-moi la main. » Et le directeur promène son
doigt doucement et lentement autour du clou de la main
droite, etc., etc. En un mot, il fallait prendre de grandes

1. Ἡροδότου ἱστωριων Ἑϐδομη, n. CXCIV, Paris, Firmin-Didot, 1862,
p. 378.
2. Flavii Josephi *Vita*, n. 75, Paris, Firmin-Didot, 1865, t. I, p. 832.
3. Citée par H. Blanc, *Le Merveilleux*, Paris, 1865, p. 96-117.

précautions pour éviter la syncope et la mort des crucifiées jansénistes.

C'est d'ailleurs un fait clinique, bien connu des médecins, qu'à la suite des hémorrhagies, la syncope survient facilement, lorsque le sujet reste debout. Et Jésus demeure sur la croix dans cette attitude. C'est également un fait notoire que la syncope consécutive à de fortes émotions morales, à une douleur vive, à une blessure ou à une lésion traumatique grave des membres. Et ces accidents sont tous réunis chez Jésus. La tristesse, les angoisses et la sueur de sang au jardin des Oliviers, les outrages et les insultes subis chez Anne et Caïphe, chez Pilate et Hérode, les plaies de la flagellation, le couronnement d'épines et la crucifixion en donnent la preuve irrécusable. La tradition que confirme le fait de Simon le Cyrénéen requis pour porter la croix par les propres bourreaux de Jésus [1], apprend en outre que le Christ eut plusieurs défaillances et plusieurs chutes en allant au Calvaire. Si donc il y eut mort apparente, cette mort n'a pu être produite que par une syncope.

Mais le crucifiement de Jésus n'est pas comparable à celui des crucifiées jansénistes, ni à ceux rapportés par Hérodote, Josèphe ou le Martyrologe romain. Ce n'est pas dans une chambre ni par des amis, c'est publiquement, en plein air, par ses propres ennemis et entre deux voleurs condamnés au même supplice, que Jésus est crucifié. Sa croix n'est ni horizontale, ni oblique ; elle est verticale. Il n'est pas simplement lié à la croix, il y est cloué. Rien n'empêche le poids de son corps d'agrandir les plaies des mains et des pieds.

S'il y eut syncope, cette syncope a pu être mortelle.

_____

1. Matth., XXVII, 32 ; Marc., XV, 21.

On sait d'ailleurs qu'une plaie, alors même qu'elle n'intéresse aucun organe essentiel à la vie, peut occasionner la mort par inhibition [1]. D'après un physiologiste célèbre, Brown-Sequard, la mort par inhibition est une mort sans agonie, sans convulsions et dans le plus grand calme. Le sang veineux reste-rouge très longtemps, au lieu de devenir noir, et la température du cadavre baisse rapidement.

Quelques heures d'un tel crucifiement peuvent donc être suffisantes pour déterminer une mort réelle.

§ 3. — *La mort simulée ; l'arrêt volontaire des battements du cœur.*

Les rapports intimes qui unissent les battements cardiaques avec les mouvements respiratoires permettent à l'homme d'agir indirectement sur son propre cœur. C'est un fait aujourd'hui bien connu que, pendant un effort inspiratoire, énergique et prolongé, les mouvements du cœur deviennent moins forts et moins rapides. En se préparant et en faisant une grande inspiration qui introduit dix à douze litres d'air dans sa poitrine, un physiologiste français contemporain, M. Chauveau, a pu suspendre les battements de son cœur. Mais, il importe de le remarquer, cette expérience ne dure qu'une minute au plus, et elle n'est pas sans danger.

« Un jour, écrit E. F. Weber, physiologiste allemand qui pouvait aussi volontairement arrêter les battements de son cœur, un jour que j'avais retenu ma respiration un peu plus

---

1. L'inhibition est l'arrêt d'une fonction provoquée à distance par une excitation du système nerveux. Si la fonction est nécessaire à la vie, comme celle du cœur, la mort peut en être la conséquence.

qu'à l'ordinaire, certainement pas une minute entière, je perdis connaissance. Pendant que j'étais en cet état, les assistants remarquèrent chez moi quelques convulsions des muscles de la face. Lorsque je revins à moi, j'avais perdu la mémoire de ce qui s'était passé, et au premier moment, bien que mon pouls fût redevenu sensible, je ne pouvais me rappeler où j'étais. Je me suis souvenu ensuite que, lorsque je sentis venir la syncope, je cessai de comprimer ma poitrine ; et il est probable que, si je ne l'avais pas fait, cela aurait eu des suites fâcheuses pour moi, et que ma vie aurait peut-être été mise en danger [1]. »

Le cas le plus célèbre est celui du colonel anglais Townshend publié au siècle dernier. Le colonel souffrait d'une affection des reins accompagnée de vomissements continuels ; sa maladie augmentant, il vint de Bristol à Bath en chaise à porteurs. « Le Dr Baynard et moi, dit le Dr Cheyne, nous fûmes appelés auprès de lui ; nous le vîmes deux fois par jour pendant l'espace d'une semaine environ ; mais, comme les vomissements persistaient malgré tout ce qu'on pouvait faire, nous n'espérions pas le guérir. Il nous envoya chercher un matin, de bonne heure ; nous le vîmes avec M. Skrine, son apothicaire. Son intelligence nous parut saine et son esprit tranquille ; sa garde et plusieurs serviteurs étaient autour de lui ; il avait fait son testament et mis ordre à ses affaires.

Il nous dit qu'il nous avait fait chercher pour nous demander l'explication d'une sensation toute particulière qu'il avait observée en lui-même depuis quelque temps, savoir que, lorsqu'il faisait un certain effort, il se sentait mourir et rendre l'esprit à volonté, et que, par un effort ou de toute

<hr>

1. E. F. Weber, *Berichte über die Verhandlungen der Sächsischen Gesellschaft der Wissenschaften* Leipzig, 1850, p. 20.

autre manière, il revenait à la vie. Il avait répété ces faits plusieurs fois avant de nous appeler.

Nous l'écoutions avec étonnement, pouvant croire à peine et moins encore expliquer des phénomènes qui répondaient si peu à ce que nous connaissions. Il aurait fallu pour cela le voir agir devant nous, ce que nous ne souhaitions pas à cause des dangers que cela pouvait avoir pour lui dans l'état de faiblesse où il était. Il nous parla clairement et avec intelligence, pendant plus d'un quart d'heure, au sujet de ces sensations, et nous força de le laisser se les procurer devant nos yeux.

Son pouls, examiné par nous trois, était bien sensible, quoique petit et filiforme ; son cœur battait comme à l'ordinaire. Il se coucha sur le dos et resta quelque temps sans mouvements. Tandis que je tenais sa main droite, M. Baynard avait la main sur son cœur et Skrine lui tenait un miroir devant la bouche. Je trouvai que son pouls baissait peu à peu jusqu'à ce qu'enfin, malgré toute mon attention, je ne sentis plus rien. M. Baynard ne percevait pas le moindre choc du cœur, et M. Skrine ne voyait rien sur la glace polie qui indiquât la persistance de la respiration chez le malade. Chacun de nous répéta chacun de ces modes d'exploration avec beaucoup de soin, et nous ne trouvâmes aucun signe de vie. Nous parlâmes longtemps de notre mieux sur ces phénomènes particuliers qui nous semblaient inexplicables et inexpliqués. Mais, comme le malade restait toujours dans le même état, nous commençâmes à soupçonner qu'il pourrait bien avoir poussé l'expérience trop loin et qu'il était mort tout de bon : aussi étions-nous près de l'abandonner. Cela dura environ une demi-heure, jusqu'à neuf heures du matin, en automne.

Comme nous partions, nous remarquâmes quelques mouvements de son corps, et nous trouvâmes que le pouls et les mouvements du cœur revenaient peu à peu. Il recommença à respirer doucement et à parler à voix basse. Nous étions surpris au plus haut degré de ce changement, et après avoir causé quelque temps avec lui, nous partîmes convaincus de toutes les particularités de ce fait, mais tout à fait troublés et incapables de nous imaginer comment on pourrait l'expliquer.

Peu après, il fit venir le notaire, ajouta un codicille à son testament, institua des legs pour ses serviteurs, reçut les sacrements, et mourut tranquillement entre cinq et six heures du soir [1] ».

Dans le cas du colonel Townshend, l'arrêt volontaire des battements cardiaques et l'état de mort apparente ne durèrent donc qu'une demi-heure ; et il n'est pas sans intérêt de remarquer ici que, le même jour, huit à neuf heures après l'expérience, le colonel mourut réellement.

Des expériences physiologiques ont d'ailleurs établi que l'arrêt du cœur n'est compatible avec la vie que s'il ne dure pas plus d'une demi-heure. Passé ce temps, il est absolument impossible de rappeler les battements cardiaques suspendus. Le cœur a perdu l'aptitude à reprendre ses contractions rythmiques et le corps examiné n'est plus qu'un cadavre [2].

La mort apparente ne saurait donc, sans danger pour la vie, se prolonger plus d'une demi-heure. Jésus est évidemment resté plus longtemps sur la croix avec toutes les appa-

---

1. *Georges Cheyne*, Fellow of the College of Physicians at Edinburg, and F. R. S., *The English malady or a Treatise of Nervous Diseases*, London, 1733, p. 307.

2. H. Arnaud, *Expériences pour décider si le cœur et le centre respiratoire ayant cessé d'agir sont irrémédiablement morts*, Archives de physiologie norm. et path., Paris, 1891, p. 397.

rences de la mort. Il paraît mort vers trois heures de l'après-midi, non seulement aux yeux de ses amis, mais encore des soldats et des Juifs [1]. La meilleure garantie que possède le savant sur un point de cette nature, c'est la haine soupçonneuse des ennemis du Christ.

Jésus n'est pas immédiatement détaché de la croix. Joseph d'Arimathie va trouver Pilate et lui demander le corps de son Maître. Pilate ne le lui donne qu'après avoir fait venir le centurion et s'être assuré de la réalité de la mort du crucifié [2]. Toutes ces démarches, toutes ces allées et venues n'ont pu se faire en quelques minutes ; elles impliquent nécessairement que le corps est resté sur la croix plus d'une demi-heure.

D'autre part, la syncope survenant chez un crucifié est, quelle qu'en soit la durée, toujours fort grave ; et les anciens connaissaient parfaitement cette gravité. La preuve en est dans la requête des Juifs à Pilate. Ils ne veulent pas laisser les condamnés sur la croix pendant le grand Sabbat et désirent les voir mourir rapidement. Que demandent-ils ? Que Pilate ordonne de leur faire briser les jambes [3].

Une telle fracture n'est cependant pas toujours mortelle. Mais les Juifs savent par expérience qu'ajoutée au crucifiement elle le devient. Le fait trouve son explication dans cette loi physiologique aujourd'hui bien connue, savoir : Toutes les impressions sensitives, énergiques et subites, quelle qu'en soit d'ailleurs la nature, peuvent amener la syncope [4], et conséquemment la mort par inhibition.

C'est ainsi que les soldats achèvent les voleurs crucifiés

1. Joan., XIX, 33.
2. Marc., XV, 42-45.
3. Joan., XIX, 31.
4. Cl. Bernard, *Sur la physiologie du cœur et ses rapports avec le cerveau*. confér. de la Sorbonne, 27 mars 1865.

avec Jésus. Quant au Christ, le voyant déjà mort [1], ils ne lui brisent pas les jambes ; mais l'un d'eux, s'inspirant peut-être de la coutume romaine de transpercer le corps du gladiateur blessé, qu'il parût mort ou non, lui ouvre le côté d'un coup de lance [2]. Cette blessure n'est pas seulement capable de faire perdre la vie indirectement et par syncope ou inhibition, comme le brisement des jambes ; elle est encore par elle-même une cause immédiate de mort. Témoin le fait du président de la République française, Carnot, succombant, le dimanche 24 juin 1894, à un coup de poignard reçu dans le côté. La plaie, située immédiatement au-dessous des fausses côtes droites, à trois centimètres de l'appendice xyphoïde, mesurait de vingt à vingt-cinq millimètres seulement [3]. Il serait facile de multiplier les exemples de ce genre de mort.

Chez le président Carnot, le coup de poignard frappé de haut en bas perfore le foie et la veine porte. Chez Jésus, la lance dirigée de bas en haut vient atteindre le cœur. La tradition rapporte que la lance est entrée par le côté droit et sortie au niveau de la région précordiale sous le sein gauche, perçant ainsi en deux endroits la poitrine de Jésus [4]. Quand le soldat la retire, du sang et de l'eau coulent par les plaies [5].

Quelques auteurs ont cru voir dans cet écoulement de sang la preuve que Jésus n'était pas mort au moment où il reçut le coup de lance. C'est une erreur. Il suffit d'avoir

1. Joan., XIX, 33.
2. Joan., XIX, 34.
3. Poncet, *Récit authentique de la blessure, de l'opération et de la mort du Président de la République française*, Semaine médicale, 4 juillet 1894, p. 310.
4. Cornelii a Lapide. *Commentaria in Scripturam sacram*, Lyon et Paris, 1851, t. VIII, p. 1150.
5. Joan., XIX, 34-35.

pratiqué quelques autopsies pour être convaincu que du sang, à l'ouverture de la poitrine, peut s'écouler liquide des veines d'un cadavre. Il en est d'ailleurs de la coagulation du sang comme de la rigidité cadavérique : elle ne se produit pas immédiatement après la mort, mais seulement quatre à six heures après.

Quoi qu'il en soit, même dans l'hypothèse que Jésus aurait été en état de mort apparente, l'absence de soins immédiats et intelligents, la prolongation du séjour sur la croix dans la station verticale, le coup de lance enfin du soldat, ont fatalement et nécessairement transformé cette mort apparente en mort réelle. Le Christ n'est vivant ni d'une vie sensible et manifeste, ni d'une vie latente. Son corps n'est plus qu'un cadavre ; il a réellement et complètement perdu l'aptitude à vivre, lorsqu'il est mis au tombeau.

Jésus est mort, c'est un premier point acquis à la science.

Article II. — Les Apparitions de Jésus.

Jérusalem présente un caractère que nulle autre cité au monde ne peut lui disputer. Son plus grand intérêt consiste dans un tombeau, le tombeau vide du Christ.

Le vendredi soir Jésus est descendu de la croix ; puis il est enseveli et déposé dans un sépulcre taillé dans le roc et dont l'unique ouverture est fermée par une large pierre marquée, à la demande des Juifs, du sceau de l'autorité publique et gardée par un poste de soldats. Malgré ces précautions, malgré cette surveillance, le tombeau est trouvé ouvert et vide le dimanche matin [1].

Le fait est avéré : les soldats qui gardent le sépulcre et les Juifs qui les ont placés, l'affirment aussi bien que les Apôtres et les saintes femmes. Le désaccord ne porte pas sur le fait, mais sur sa cause. Le corps de Jésus n'est plus là, qu'est-il devenu ?

§ 1. — *La réponse des Juifs.*

En présence de ce tombeau vide, il n'y a qu'une seule alternative possible : ou Jésus est sorti vivant, ou son corps a été enlevé.

Les Juifs accusent les disciples d'avoir soustrait le corps

1. Matth., XXVII, 62-66 ; Marc., XVI, 8 ; Luc., XXIII, 53 ; Joan., XIX, 41.

de leur Maître clandestinement, pendant la nuit du samedi au dimanche [1]. Leur accusation repose sur le témoignage des soldats préposés à la garde du tombeau. C'est pendant leur sommeil que les Apôtres auraient fait disparaître le corps. Si ces soldats dormaient tous d'un sommeil si profond que nul bruit n'a pu les réveiller, ni le bruit des allées et venues, ni le bruit du brisement des scellés et du déplacement de la pierre, comment ont-ils pu voir et reconnaître les disciples ? Ils n'ont pas évidemment la qualité de témoins oculaires.

Un cadavre ne disparaît pas facilement sans laisser de traces, surtout quand sa disparition est aussitôt connue et que les enquêteurs disposent pour sa recherche de la double autorité civile et religieuse. Les Juifs n'ont jamais pu retrouver le corps de Jésus. Autrement ils auraient confondu les Apôtres en l'exposant aux yeux de tous et en leur disant : Vous mentez. Loin de là, ils se contentent de les accuser ; ils les laissent même d'abord en liberté ; et plus tard ils ne leur commandent que le silence [2].

Quel intérêt d'ailleurs ces hommes auraient-ils à prêcher la Résurrection du Christ, s'ils savent, mieux que personne, que le fait est faux ? Si leur Maître n'a pas réalisé sa promesse de ressusciter [3], quel fonds peuvent-ils faire sur ses autres promesses ? A leurs yeux Jésus ne doit plus être qu'un faux prophète et un imposteur.

Comment ces hommes que la frayeur a dispersés au moment de l'arrestation du Christ au jardin des Oliviers, auraient-ils eu tout à coup l'audace et l'habileté de venir prendre son corps dans un tombeau scellé, gardé militairement

1. Matth., XXVIII, 13.
2. Matth., XXVIII, 18 ; Act. IV, 14-40.
3. Matth., XXVIII, 63 ; Matth., XII, 39-40.

et fermé par une lourde pierre ? Toutes les précautions sont prises pour s'opposer à un enlèvement furtif ; et les soldats, gardiens du sépulcre, ne sont pas les complices des Apôtres. La preuve en est dans la conduite des Juifs à leur égard. Pourquoi ces gardes négligents ne sont-ils pas punis, alors que la loi militaire romaine frappe de mort un pareil oubli de la consigne ? Pourquoi reçoivent-ils, au contraire, des Juifs et la promesse de l'impunité et de l'argent pour répandre le bruit de la soustraction du corps par les Apôtres [1] ?

Les précautions ne sont pas prises trop tard, alors que le tombeau est déjà vide. Il est invraisemblable que pas un seul des ennemis de Jésus, assez défiants pour craindre la possibilité d'un enlèvement du corps, n'ait eu la pensée si naturelle que cet enlèvement pouvait être déjà un fait accompli. La présence du corps est facile à constater : le sépulcre appartient à un homme connu, Joseph d'Arimathie ; et, n'ayant encore jamais servi [2], il ne contient pas d'autre cadavre. Une circonstance d'ailleurs prouve qu'ils ne négligent pas cette vulgaire précaution et que le corps de Jésus est là, au moment où l'on place les scellés et le poste de soldats. Cette circonstance, c'est que les Juifs n'accusent pas les disciples d'avoir enlevé le corps le vendredi soir ou le samedi, mais bien pendant la nuit du samedi au dimanche [3].

Ainsi donc l'enlèvement du corps de Jésus n'est pas un fait d'observation. Personne, de l'aveu même des Juifs, ne l'a constaté *de visu*. C'est une pure hypothèse, et toute conclusion qui ne repose, en dernière analyse, que sur une

---

1. Matth. XXVIII, 11-15.
2. Matth., XXVII, 60 ; Luc., XXIII, 53 ; Joan., XIX, 41.
3. Matth., XXVIII, 13.

simple vue de l'esprit, est nulle et non avenue pour la science.

§ 2. — *La réponse des Apôtres.*

En présence du tombeau vide, les Apôtres répondent unanimement que le Christ en est sorti vivant.

Le vendredi, scandalisés à la vue du triomphe des Juifs et des humiliations de Jésus, ils ont tous abandonné leur Maître. Pierre lui-même, malgré ses promesses de lui être fidèle jusqu'à la mort [1], est assez faible pour le renier publiquement à la parole d'une servante [2]. Trois jours plus tard, les Apôtres affirment tous la Résurrection de Jésus et meurent plutôt que de se rétracter, tant leur conviction est intime et profonde.

Malgré le bruit répandu de la soustraction du corps, malgré les menaces et les terribles persécutions des Juifs et des Romains, des myriades de personnes de tout âge, de tout sexe, de toute condition, ont partagé et partagent encore actuellement la foi des Apôtres. Le nom du Christ n'est pas tombé dans l'oubli après sa mort ; l'Eglise qu'il a fondée est encore aujourd'hui debout. Comment expliquer ces faits incontestables ? Comment expliquer l'immense révolution qui fait passer les disciples de Jésus du plus profond découragement à la foi la plus ardente et la plus invincible ?

Le fait de défendre la mémoire du Christ contre une nation tout entière et de sceller ce témoignage avec leur propre sang, démontre invinciblement la sincérité des Apôtres. Leur témoignage est évidemment le plus désintéressé et le plus indépendant de tous : il ne leur procure que les supplices et la mort. Les disciples sont d'une entière bonne

1. Matth., XXVI, 35 ; Marc., XIV, 31.
2. Matth., XXVI, 69-73 ; Marc., XIV, 67-72.

foi, lorsqu'ils revendiquent, comme Pierre au jour de la Pentecôte, la qualité de témoins oculaires de la Résurrection[1]. Jésus sorti vivant du tombeau, ce n'est pas pour eux une simple hypothèse ; c'est un fait d'observation, un fait qu'ils ont constaté de leurs propres yeux. Mais ont-ils réellement vu ce qu'ils ont cru voir ?

§ 3. — *Les hallucinations partielles et complètes ; la folie.*

Le témoignage écrit ou parlé, même lorsqu'il est sincère, a peu de valeur, s'il n'exprime que les données d'un seul sens. C'est une vérité d'observation et même d'expérience. D'observation : le médecin a souvent l'occasion de soigner des hallucinés qui affirment avec la plus grande bonne foi voir ce qui n'existe réellement pas. D'expérience : l'obligation pour les assistants de n'user que d'un seul sens : la vue, est, avec l'habileté de l'opérateur, la condition de plusieurs phénomènes d'apparence merveilleuse.

C'est en particulier la condition de certaines expériences de psychographie ou écriture directe sur ardoise, *slate-writing* des Anglais. L'écriture paraît n'être tracée par aucune des personnes présentes ; un petit morceau de craie semble écrire tout seul, sans être guidé par aucune main visible, tantôt sur la face supérieure d'une ardoise, tantôt sur deux ardoises superposées, etc. Après la séance les assistants, priés d'écrire ce qu'ils ont vu ou cru voir, affirment presque tous l'existence d'un esprit, d'un être invisible guidant le morceau de craie, alors qu'en réalité c'est l'opérateur lui-même qui a écrit et fait d'habiles substitu-

1. Act. II, 32.

tions [1]. Leurs récits montrent l'erreur où l'on peut tomber en se confiant aux seules données de la vue.

Mais, si le témoignage d'un seul sens est insuffisant, le témoignage concordant de tous prend, au contraire, une grande valeur : il est l'expression de la réalité même. Le nier, c'est tomber dans le scepticisme et prétendre que l'homme ne peut rien connaître avec certitude. Lorsque l'intelligence est intacte, l'hallucination elle-même ne saurait en imposer.

La chose n'est pas contestable pour l'hallucination partielle. Soit, par exemple, une hallucination auditive des plus communes. « Fréquemment, me disait une de mes malades, je m'entends appeler et mon nom est accentué très distinctement, au point de répondre et de chercher la personne qui me parle. Si je me trouve seule, je m'aperçois immédiatement de mon erreur ; mais si je suis avec d'autres personnes, je leur demande ce qu'elles me désirent, et leur étonnement seul m'apprend que je me suis trompée. » Ainsi, c'est le défaut de concordance entre les données des divers sens qui permet de reconnaître l'hallucination partielle et de la distinguer de la sensation normale.

Mais l'hallucination peut être complète et intéresser à la fois tous les sens. Ici la rectification est encore possible en faisant appel aux données de l'intelligence et de la réflexion. Un philosophe français, Marillier, entre autres, a publié un cas d'hallucination complète, dont il est lui-même le sujet, et qui ne laisse aucun doute à cet égard [2].

1. Pour plus de détails, voir S. J. Davey, Experimental investigation, in *Proceedings of the Society for psychical research*, vol. IV, London, 1887, p. 405.

2. Marillier, Etude de quelques cas d'hallucination observés sur moi-même, *Bullet. de la Société de Psychologie physiologique*, Paris, 1885, t. I, p. 43-44.

Que l'hallucination soit partielle ou complète, si l'intelligence est intacte, le sujet reconnaît toujours l'erreur de perception. Il sait que la sensation hallucinatoire ne correspond à aucune réalité objective présente. S'il croit à cette réalité, de deux choses l'une : ou il juge d'après le témoignage d'un seul sens, ou il a des troubles intellectuels concomitants et l'hallucination coexiste avec la folie.

Les Apôtres sont absolument convaincus de la présence de Jésus sorti vivant du tombeau ; cette conviction repose sur le témoignage concordant de tous leurs sens. Si dans la réalité le Christ ne leur est pas apparu, force est donc de conclure qu'ils sont à la fois hallucinés et fous. Les faits justifient-ils cette conclusion ?

Découragés, scandalisés par les humiliations et les souffrances de leur Maître, les Apôtres demeurent d'abord indifférents et même incrédules. Ils traitent d'imagination la nouvelle de la Résurrection apportée par Marie-Madeleine et ses compagnes. Ils ne croient point ces femmes et regardent leurs paroles comme l'expression d'une rêverie et d'un délire [1]. Pierre constate même le fait du tombeau vide sans conclure que Jésus en est sorti vivant [2].

Quand les Apôtres voient eux-mêmes Jésus, le soir du dimanche, ils s'imaginent voir un fantôme ; et, pour les convaincre qu'il a réellement un corps de chair et d'os, Jésus mange devant eux et leur donne ses mains et ses pieds à toucher et à palper. Saint Thomas, alors absent, refuse de croire les autres Apôtres, disant : *Si je ne vois dans ses mains la marque des clous et si je ne mets mon doigt dans le trou des clous et ma main dans son côté, je ne croirai point.* Et il ne croit qu'après avoir fait cette expérience [3].

1. Marc., XVI, 9-14 ; Luc , XXIV, 10-11.
2. Luc., XXIV, 12 ; Joan., XX, 2-7.
3. Luc., XXIV, 36-43 ; Joan., XX, 19-20.

Ainsi donc les disciples ne croient qu'après avoir vu de leurs propres yeux, touché de leurs propres mains, entendu de leurs propres oreilles, — et cela pendant quarante jours[1] —, Jésus vivant et agissant devant eux. Dès lors ces hommes, naguère si timides, montrent une fermeté et un courage que rien ne peut abattre. Ils font preuve d'une grande sagesse dans la prédication de l'Evangile, et d'une remarquable habileté dans l'établissement de l'Eglise.

Voilà leur conduite. C'est la conduite d'hommes sensés : elle dénote une incontestable coordination entre les idées, les sentiments et les actes.

Sans doute, il est une variété de folie décrite sous les noms de délire systématisé, de psychose systématique progressive, où l'on observe l'association logique des pensées, des paroles et des actions. Mais jamais avec de tels résultats, jamais à un tel degré ! L'existence encore actuelle de l'Eglise, vingt siècles après la mort des Apôtres, ne s'accorde guère avec la stérilité bien connue des conceptions délirantes des fous et des aliénés.

Dans la psychose systématique progressive, l'incohérence se révèle toujours par quelque endroit et permet au médecin de poser le diagnostic de folie. D'ailleurs, l'association logique des idées, des paroles et des actes est-elle indifféremment signe de folie ou de raison ? Alors elle vaut ce que vaut la pensée fondamentale qui lui donne son unité et qui lui sert de point de départ. Elle est signe de raison ou de folie, suivant que cette pensée repose ou non sur un fait réel et positif.

Quelle est la pensée fondamentale des Apôtres ? La Résurrection du Christ. Elle ne peut être qualifiée de concep-

1. Act., I, 8.

tion délirante que si les apparitions de Jésus ne répondent à aucune réalité. En est-il ainsi ?

§ 4. — *Les hallucinations collectives.*

Les *Bulletins de la Société de Psychologie physiologique* pour 1891 [1] ont publié un bel exemple d'hallucination collective sous ce titre : *Les Apparitions de la Vierge en Dordogne.*

Le 16 juillet 1889, à quelques lieues de Périgueux (Dordogne), sur la lande du Pontinet, en la paroisse de Savignac-les-Eglises, une petite fille, de douze ans à peine, Marie Magontier, croit voir la Sainte Vierge lui apparaître. Elle transmet son hallucination d'abord à d'autres enfants de son âge, puis à un grand nombre de paysans, hommes et femmes.

Tous se rendent en foule à un mur de vieilles pierres disjointes et branlantes, situé au bout d'un champ et crevassé de trous profonds. C'est dans l'un de ces trous qu'ils croient voir l'apparition.

Chaque jour, lorsqu'ils regardent entre les pierres, ils voient la Vierge, mais sous une forme quelque peu différente suivant les observateurs. Pour l'un la Vierge Marie est seule ; pour l'autre, elle porte le divin Enfant dans ses bras, entouré ou non d'anges. Elle semble habillée de noir à celui-ci, de blanc à celui-là, ou bien à cet autre enveloppée d'une robe de lumière. Tous ne voient point ; mais ceux qui n'ont rien vu, s'éloignent silencieusement du mur, humiliés et attristés.

Ce fait n'est évidemment qu'une simple hallucination col-

1. T. VII, p. 4.

lective, qu'une hallucination visuelle transmise à plusieurs personnes par suggestion verbale. D'après le D[r] Ch. Richet, professeur de physiologie à la Faculté de médecine de Paris [1], la seule preuve scientifique d'une apparition véritable serait une « action sur les objets inanimés ». Cette preuve fait ici défaut. L'apparition n'exerce aucune action sur les objets environnants ; elle ne laisse aucune trace sensible de son passage telle, par exemple, que le jaillissement d'une source, comme à Lourdes.

Il a suffi d'ailleurs d'isoler les hallucinés les uns des autres pour les convaincre d'erreur ; et c'est sur ce caractère que M. le Curé de Savignac-les-Eglises se fonde pour affirmer, dès le début, la fausseté de cette prétendue apparition. Interrogés séparément les voyants se contredisent, puis se rétractent. Enfin les événements ultérieurs, la stérilité de ces apparitions, viennent confirmer leur nature purement imaginaire. Six mois après, on n'en parle pas plus qu'aujourd'hui [2].

L'erreur commise par les visionnaires de la Dordogne s'explique facilement : leur conviction ne repose que sur les données d'un seul sens, la vue. Il n'en est pas de même du témoignage des Apôtres : il exprime les données concordantes des trois principaux modes de perception sensible, la vue, l'ouïe et le toucher. Jésus vivant après son crucifiement et sa mise au tombeau, les Apôtres l'ont vu de leurs yeux, entendu de leurs oreilles, touché de leurs mains. Ils se dispersent eux-mêmes pour aller prêcher dans le monde la Résurrection de leur Maître ; et, malgré cette séparation, ils continuent à s'accorder tous sans jamais se contredire.

1. *Bull. de la Soc. de psych. phys.*, Paris, 1885, p. 21.
2. Lettre écrite à l'auteur par M. le Curé de Savignac.

Le fait attesté n'a rien de difficile à observer. Tout homme n'est-il pas apte à reconnaître la présence d'un ami et d'un maître bien connu ? Entre les apparitions de Jésus et les hallucinations collectives, la différence porte sur les caractères intrinsèques mêmes des deux sortes de phénomènes. Il est donc impossible de les identifier.

§ 5. — *Les hallucinations véridiques*; *la télépathie.*

L'hallucination est une sensation sans objet à la portée des sens. Son objet est purement fictif : il ne peut être activement touché ni palpé comme toute chose matérielle peut l'être. Cette impossibilité s'observe même dans les apparitions de morts décrites aujourd'hui sous le nom d'hallucinations télépathiques, terme nouveau qui désigne une chose fort ancienne.

Le célèbre orateur romain, Cicéron, signale déjà, en effet, un grand nombre de faits de ce genre dans son intéressant dialogue *De divinatione*. Je citerai seulement le suivant :

« Deux Arcadiens qui voyageaient ensemble, étant venus à Mégare, l'un alla loger dans une hôtellerie et l'autre chez un de ses amis. Après le souper, lorsque tout le monde était couché, il sembla à celui qui était logé chez son ami que celui qui était logé dans une hôtellerie le priait de le secourir, parce que l'aubergiste voulait le tuer. D'abord effrayé d'un tel songe, il se lève ; mais s'étant bientôt rassuré et rendormi, l'autre lui apparut de nouveau et lui dit que, puisqu'il ne l'avait pas secouru lorsqu'il en était temps encore, du moins il ne laissât pas sa mort impunie ; que le maître de l'hôtellerie, après l'avoir tué, avait jeté son corps dans un chariot et l'avait couvert de fumier ; que son ami ne manquât pas de se trouver le lendemain dès le matin, à l'ouverture de la porte de la ville, avant que le chariot ne sortît. Frappé de ce nouveau songe, il se rend de grand matin à la porte de la ville, voit le chariot, demande à celui qui le conduisait ce qu'il y avait dedans. Le charretier effrayé s'enfuit ; on tire le corps du chariot ; l'aubergiste est convaincu et puni [1] ».

S. Augustin dit que, pendant son séjour à Milan, un homme sortit du tombeau pour indiquer à son fils la quittance d'une somme qu'on lui réclamait injustement [2]. Il rapporte encore que le martyr Félix apparut visiblement aux habitants de la ville de Nôle, assiégée par les Barbares [3].

Le pape S. Grégoire cite, dans ses *Dialogues*, plusieurs exemples d'apparitions d'âmes du purgatoire venant demander aux hommes leurs prières et leurs suffrages [4].

Au XIII° siècle, S. Thomas d'Aquin pose cette question : *Les âmes qui sont dans le paradis ou l'enfer peuvent-elles en sortir ?* Il répond affirmativement ; mais il observe que, le paradis et l'enfer étant des lieux définitivement assignés aux âmes des morts, ces âmes ne peuvent en sortir pour toujours : leur sortie n'est que momentanée. Les damnés n'apparaissent pas sur la terre quand ils le veulent, mais seulement quand Dieu le leur permet ; et cette permission leur est quelquefois accordée. Quant aux saints, ils peuvent à volonté se rendre visibles aux hommes ; mais, vivant dans une conformité parfaite à la volonté divine, ils n'apparaissent que selon le bon plaisir de Dieu [5].

1. Cicero, *De divinatione*, lib. I, 27.
2. S. Augustin, *De cura pro mortuis gerenda*, cap. XI, Opera omnia. Edit. Migne, t. VI, col. 601.
3. S. Augustin, *loc. cit.*, cap. XVI, t. VI, col. 606.
4. S. Grégoire, *Dialogorum*, lib. IV, cap. XL et LV, Opera omnia, édit. Migne, t. III, col. 396 et 416.
5. S. Thomas d'Aquin, *Sum. theol.*, III° pars, suppl. q. LXIX, a. 3, édit. Lethielleux, t. V, p. 274.

De nos jours, on a publié des faits du même genre, surtout en Angleterre et en Amérique. Voici l'un d'entre eux.

En 1855, le frère du capitaine G. F. Russel Colt, de Gartsherrie, Coatbridge (N. B.), se trouvait en Crimée devant Sébastopol, en qualité de lieutenant au 7ᵉ Royal-Fusiliers. Dans la nuit du 8 septembre 1855, écrit le capitaine Colt, « je fus brusquement éveillé et je vis, en face de la fenêtre de ma chambre, auprès de mon lit, mon frère à genoux, enveloppé d'une sorte de vapeur légère et phosphorescente. J'essayai de parler, mais en vain. Je cachai ma tête sous mes couvertures, non par effroi, mais pour rassembler mes idées. Je conclus que ce devait être une imagination occasionnée par les effets de la lune sur une serviette ou quelque autre objet. Mais, levant les yeux, je vis encore là mon frère me regardant d'un air affectueux, suppliant et triste. J'essayai encore une fois de parler, mais ma langue me parut comme enchaînée.

« Sautant hors du lit, je jetai un regard à travers la fenêtre et vis qu'il n'y avait pas de lune ; il faisait noir et j'entendais la pluie frapper fortement contre les vitres. Je me retournai et j'aperçus encore mon pauvre frère Oliver. Je fermai les yeux, traversai l'apparition et gagnai la porte de ma chambre.

« Au moment de sortir, alors que je tenais le bouton de la porte, je me retournai de nouveau. L'apparition tourna lentement sa tête, me regardant encore d'un air suppliant et affectueux, et, pour la première fois, je remarquai à la tempe droite une blessure, d'où s'échappait un flot rouge. La face était d'une pâleur de cire ; elle était transparente et le point rougeâtre aussi. C'est une vision qu'il est presque impossible de décrire, mais que je n'oublierai jamais. »

Quinze jours plus tard, les nouvelles reçues de Crimée

confirmèrent cette vision. Oliver Colt avait été tué à l'assaut de Redan ; il avait reçu une balle à la tempe droite, et avait été retrouvé, trente-six heures après, comme agenouillé au milieu d'un monceau de cadavres qui le maintenaient dans cette position [1].

Telle est ce qu'on-appelle aujourd'hui *hallucination véridique* ou *télépathique, fantôme des vivants* ou *des morts*, etc., etc. L'explication en demeure si obscure que l'on a récemment proposé une nouvelle dénomination, celle de *phénomène psychique occulte* [2], le mot occulte étant pris ici comme synonyme de mystérieux. Dans toutes les observations de ce genre, un sujet sain d'esprit et n'ayant d'ordinaire jamais eu d'hallucination antérieure, éprouve tout à coup certaines impressions sensibles, visuelles, auditives ou tactiles, qui lui donnent, avec le sentiment de la présence d'une personne connue, l'idée de la maladie ou plus souvent de la mort de cette même personne. Les moyens ordinaires d'investigation n'auraient pu faire connaître ni même soupçonner cette maladie ou cette mort, et l'enquête ultérieure vient cependant en confirmer la vérité.

Considère-t-on commme accidentelle et fortuite la coïncidence de la réalité avec la vision ? Alors le fait est qualifié d'hallucination pure et simple [3].

Se refuse-t-on, au contraire, à voir dans cette coïncidence l'effet du hasard ? Alors le fait est diversement interprété et nommé.

Les uns considèrent comme illusoire et subjective la pré-

1. *Proceedings of Society for Psychical Research,* London, 1883, vol. I, p. 124.
2. Richet, *Lettre à Dariex,* Paris, 1881, p. 2.
3. Brierre de Boismont, *Des hallucinations,* Paris, 8ᵉ éd., p. 409, obs. 118.

sence de la personne apparue, et qualifient le cas d'hallucination télépathique ou véridique [1]. Le mot *télépathie*, que les auteurs anglais ont surtout mis à la mode, n'exprime pas simplement le fait observé, mais bien le fait interprété par l'hypothèse d'une action à distance. La théorie de la télépathie suppose que l'agent (ou personne qui apparaît) et le percipient (ou personne qui voit l'agent) s'influencent mutuellement à distance, sans aucun intermédiaire et par une action purement psychique.

D'autres considèrent comme réelle et objective la présence de la personne apparue, et décrivent le cas sous divers noms : apparition d'esprit, histoire de revenants, lieu hanté, maison hantée, etc. [2].

Pour expliquer cette présence, les occultistes et les spirites contemporains supposent un dédoublement du corps humain. Quelque chose de la personne vue se rendrait en réalité présent à l'observateur. Ce quelque chose serait un principe essentiel à la nature de l'homme, un fluide intermédiaire au corps et à l'âme que les spirites appellent *périsprit*, et les occultistes *corps astral* [3].

1. Cf. *Proceedings of the Society for Psychical Research*, London.

2. Cf. Dom Calmet, *Traité sur les apparitions des esprits*, Paris, 8e édit., 1751 ; — et Pierre Thyrœus, S. J., *De locis infestis*, éd. de Lyon, 1598.

3. L'idée d'un principe intermédiaire, servant de trait d'union entre le corps et l'âme, a depuis longtemps été émise et réfutée (Cf. S. Thomas d'Aquin, *Sum. theol.*, Ia Pars, q. LXXVI, a. 7). Mais l'hypothèse du périsprit est plus complexe.

Si le périsprit, encore appelé fluide périsprital, corps psychique, médiateur plastique, corps astral, etc., est tenu en si haute estime par les maîtres de l'occultisme et du spiritisme, s'ils lui font jouer un si grand rôle dans l'explication des phénomènes merveilleux et miraculeux, c'est qu'ils le considèrent comme l'élément divin de la nature humaine, comme l'émanation d'une force-substance universelle, dite lumière astrale (Cf. *Congrès spirite* de 1889).

Alors même qu'il serait certain que l'homme possède un fluide ma-

Les théologiens ne considèrent pas le « quelque chose
qui apparaît », comme un principe essentiel à la nature
humaine. Partant de ce fait que le corps impressionnant les
sens de l'observateur est un fluide, c'est-à-dire un corps
qui se laisse traverser comme l'air ambiant, ils en concluent
que l'âme du défunt a, lorsque Dieu le permet, le pouvoir
d'agir sur une matière élémentaire analogue à l'air, matière
qu'elle condense sous la forme d'un corps humain ou mieux
d'une partie de corps humain visible, mais non palpable[1].
C'est là ce qu'on appelle ombre.

Quoi qu'il en soit de ces théories, un caractère com-
mun à tous les faits observés, c'est que la personne apparue ne peut jamais être activement touchée et palpée :
il semble à l'observateur qu'il ne saisit rien, lorsqu'il veut
embrasser l'apparition. Presque toujours d'ailleurs, comme
dans le cas cité du capitaine Colt, l'impression sensible ne
porte que sur un seul sens : la vue. Elle peut être à la fois
visuelle, auditive et tactile ; mais c'est là une exception,
dont il n'existe que 8 (huit) exemples sur les 702 observations publiées par les auteurs de *Phantasms of the living*.

Dans ces 8 cas, 5 fois seulement l'impression auditive
présente la forme de paroles articulées[2] ; dans les autres,

gnétique, il resterait encore, pour justifier l'hypothèse du périsprit, à
démontrer l'existence du corps astral et des propriétés qu'on lui attribue. Cette existence et ces propriétés, les auteurs spirites et occultistes
les affirment sans les démontrer ni même tenter de le faire.

D'autre part, pour Allan Kardec et les chefs du mouvement spirite et
occultiste, l'âme elle-même ou esprit n'est qu'une « matière quintessen-
ciée », en sorte que l'homme ne serait que matière. Grotesque et ridi-
cule est donc leur prétention de combattre le matérialisme contemporain. Le spiritisme et l'occultisme ne constituent en réalité qu'une forme
larvée du monisme et du matérialisme.

1. S. Thomas d'Aquin, Iª Pars, q. LI, art. 2, ad 3, éd. Lethielleux,
t. I, p. 281.

2. Gurney, Myers, Podmore, *Phantasms of the living*, London, 1886,
vol. I, p. 445 ; vol. II, pp. 88, 159, 461 et 523.

l'observateur ne peut entendre qu'un simple bruit [1]. Dans tous l'impression est purement subjective et passive ; le sujet se sent touché, il perçoit un contact, un serrement ou une sensation de froid ; mais il ne peut pas saisir lui-même la personne qui apparaît : il ne peut pas la palper. Le capitaine Colt dit qu'il a marché à travers l'apparition, *walked through it* [2].

Si la cause de ces impressions sensibles subjectives a quelque réalité en dehors de l'imagination du sujet, il est donc évident que cette cause n'est pas la matière tangible, palpable et impénétrable du corps humain.

Or, dans les apparitions de Jésus, l'impression est à la fois visuelle, auditive et tactile ; les Apôtres voient, entendent, touchent et palpent le corps de leur Maître. Ils constatent avec la plénitude de leur sens la présence de Jésus sorti vivant du tombeau. Entre les hallucinations télépathiques et les apparitions du Christ, la différence porte sur les caractères intrinsèques mêmes des deux sortes de phénomènes. Il est donc impossible de les identifier.

§ 6. — *Les matérialisations ; la téléplastie.*

Les spirites et les occultistes contemporains parlent d'apparitions qui, dans quelques cas très rares, auraient pu être touchées et palpées. Ces apparitions demanderaient pour se produire la présence d'une personne dite *médium* ; elles sont décrites sous les noms de téléplastie, de matérialisation, etc. Ici encore, comme pour les hallucinations télépathiques, la chose est fort ancienne : le nom seul est nouveau.

1. *Loc. cit.*, vol. II, pp. 187, 170 et 476.
2. *Proceedings of the Soc. for Psych. Research*, London, vol. I, p. 125.

Il y a longtemps que l'histoire a enregistré pour la première fois ces pratiques par lesquelles un vivant prétend contraindre l'âme d'un mort à revenir de l'autre monde pour lui faire connaître telle ou telle chose secrète ou cachée. Moyse en parle déjà dans un des livres de la Bible, le Lévitique ; il les considère comme appartenant à l'idolâtrie et défend de s'adresser aux nécromanciennes qui se flattent d'apprendre l'avenir par l'évocation des morts [1]. Il renouvelle, dans le Deutéronome, la défense de consulter ceux qui ont l'esprit de python ou qui interrogent les morts [2]. Le livre des Rois montre la pythonisse d'Endor évoquant, à la demande de Saül, le dernier des Juges d'Israël, Samuel, mort peu de temps auparavant [3].

Homère parle aussi de l'évocation des morts et lui consacre entièrement le chant XI de l'Odyssée. Ulysse voit apparaître diverses âmes, entre autres, celle de sa mère ; il l'interroge sur son père, sa femme, son fils ; elle lui répond. « Elle dit, ajoute Ulysse, et moi, l'esprit troublé, je veux saisir l'âme de ma mère ; trois fois je m'élance et mon cœur désire la saisir, trois fois elle échappe de mes mains comme une ombre, comme un songe [4]. »

D'après Cicéron, tous les peuples, soit civilisés, soit barbares, admettent la possibilité de connaître l'avenir et l'existence d'hommes capables de le prévoir et de l'annoncer [5]. Ces hommes, diversement appelés selon les temps et les lieux, correspondent évidemment aux magiciens, aux sorciers et aux nécromanciennes du moyen âge, ainsi qu'aux médiums de nos jours. En un mot, l'évocation des morts,

1. Lévitique, XIX, 31 ; XX, 27.
2. Deutéronome, XVIII, 11.
3. I Rois, XXVIII, 12-25 ; *Eccles.*, XLVI, 23.
4. Homère, *Odyssée*, chant XI, vers 153 à 201.
5. Cicero, *De divinatione*, lib. I, 1.

les pratiques du spiritisme et de l'occultisme contemporains, se rencontrent à toutes les époques de l'histoire. La forme et le nom varient, mais le fond demeure toujours identique[1].

Aujourd'hui comme autrefois, les faits étant supposés réels et authentiques, deux théories principales se trouvent en présence. Pour l'une, l'homme est la cause de ces apparitions, tout être humain aurait naturellement en lui-même le pouvoir de les provoquer, tout comme il a celui de parler et d'agir. Pour l'autre, au contraire, l'homme n'a pas naturellement ce pouvoir : le médium n'est pas la véritable cause de l'apparition, il n'en est que l'instrument.

Mais, si la nature et la cause des phénomènes qu'on appelle aujourd'hui matérialisations sont l'objet d'une vive controverse, il n'en est pas de même de leur existence et de leurs caractères. L'une et l'autre théories admettent la réalité des deux faits suivants :

1° Les matérialisations sont des phénomènes rares qui ne se produisent qu'en présence d'une certaine personne dite médium ;

2° Le corps qui apparaît n'est pas de chair et d'os ; en outre, il est presque toujours incomplet.

Tantôt c'est une main ou un bras, tantôt c'est une figure seule ou encore une tête soit isolée, soit avec les épaules et le buste. Parfois même il n'apparaît que des doigts.

Le plus souvent l'apparition se présente sous la forme de mains. « J'ai retenu une de ces mains dans la mienne, écrit W. Crookes, bien résolu à ne pas la laisser échapper. Au-

1. Cf. S. Augustin, *De civitate Dei*, lib. XVIII, cap. XVIII ; et lib. XXI, cap. VI, *Opera omnia*, édit. Migne, t. VII, col. 574 et 716. — S. Augustin, *De divinatione dæmonium*, *Opera omnia*, t. VI, col. 581. — S. Thomas d'Aquin, *Summa theologica*, Iª pars, q. LXXXIX, a. 8 ; q. CXVII, a. 3, édit. Lethielleux, t. I, p. 465 et 675, etc.

cune tentative ni aucun effort ne furent faits pour me faire
lâcher prise, mais peu à peu cette main sembla se résoudre
en vapeur et se dégager de mon étreinte [1]. » C'est un fait fréquemment signalé dans le récit de ces apparitions ; Homère
le note déjà : Ulysse, voulant saisir sa mère, la voit s'échapper de ses mains comme une ombre.

Parmi les apparitions les plus célèbres dans le monde du
spiritisme et de l'occultisme figurent celles de Katie King,
obtenues en présence de Florence Cook, le médium observé par W. Crookes. A supposer les faits réels et non enta-
chés de supercherie, voici ce qui résulte de leur description.
Les apparitions sont d'abord incomplètes : la figure seule,
sans cheveux, sans rien derrière le front, apparaît ; c'est un
masque animé. La forme complète ne se montre qu'après
cinq à six mois de séances. Habituellement alors, Katie
King présente l'aspect d'une femme vêtue d'une robe blanche et coiffée d'un turban. Tantôt elle ressemble exactement au médium ; tantôt elle en est absolument différente.

Presque toujours elle est seulement visible et elle ne peut
être touchée et palpée sans son autorisation. Un de ceux qui
obtiennent cette faveur passe la main le long du bras jusqu'à l'épaule : le membre est chaud, mais, au lieu d'avoir
la douceur propre à la peau, il a celle de la cire ou du
marbre. Prenant entre ses mains le poignet, il est surpris
de ne pas y rencontrer d'os et de le sentir céder sous sa
pression comme un morceau de papier ou un bout d'étoffe ;
ses doigts viennent se rejoindre à travers le poignet de
Katie [2].

Ainsi donc, dans les matérialisations ou téléplasties du
spiritisme et de l'occultisme, le corps apparaissant est un

1. *Recherches sur le spiritisme*, p. 162.
2. Erny, *Psychisme*, p. 137.

simulacre de corps. C'est une imitation plus ou moins parfaite de la forme et des actes du corps humain : bruits
cardiaques et pulmonaires, écriture, parole, etc. Ce n'est
pas, ce n'est jamais un véritable corps vivant, en chair
et en os. Telle est l'affirmation de tous les auteurs, anciens
et modernes.

Alors même que leurs observations et expériences seraient
authentiques et qu'il n'y aurait eu réellement ni supercherie
ni simulation, les apparitions dont ils parlent ne sauraient
à aucun titre être assimilées à celles de Jésus. L'apparition
aux Apôtres réunis, le dimanche de Pâques, nous montre
Jésus donnant le salut de paix, mangeant sous les yeux de
ses disciples, et leur livrant ses membres à toucher, et à palper. L'apparition à Thomas, le dimanche suivant, nous fait voir
ce disciple vérifiant les stigmates de la Passion, constatant
sur l'invitation de Jésus que les mains et les pieds portent
la trace des clous et le côté celle de la lance, et que ces stigmates ont la profondeur même des plaies produites au jour
du crucifiement, etc., etc. [1]. Les Apôtres voient dès le début
le corps entier du Christ, sous sa forme complète ; ils le
voient sans aucun intermédiaire, sans aucun médium, sans
aucune évocation. Ils s'assurent qu'ils ne sont pas en présence d'un fantôme, mais d'un véritable corps vivant, en
chair et en os, le corps bien connu de leur maître. Entre les
matérialisations spirites et les apparitions du Christ aux
Apôtres, la différence porte sur les caractères intrinsèques
mêmes des deux sortes de phénomènes. Il est donc impossible de les identifier.

1. Matth., XXVIII, 9 ; Luc., XXIV, 39 ; Joan., XX, 19-28.

§ 7. — *La réalité objective des apparitions de Jésus.*

Le fait que les Apôtres ont vu, touché et palpé un véritable corps humain vivant no constitue pas la seule différence entre les apparitions du Christ et les hallucinations. L'hallucination, même l'hallucination véridique ou télépathique, ne laisse aucune trace sensible de son passage ; elle n'exerce aucune action sur les objets environnants. Elle détermine seulement la production d'une image mentale vraie, consciente et extériorisée : le sujet a le sentiment de la percevoir par l'organe sensoriel correspondant et la tendance à admettre la présence de l'être ainsi figuré.

L'image hallucinatoire peut être projetée au dehors dans une situation idéale ; elle peut avoir une perspective comme une chose réelle ; elle peut cesser d'être visible quand le sujet ferme les yeux, et reparaître quand il les ouvre. Elle peut modifier les idées et les actes de l'halluciné ; elle peut coexister avec une sensation très douloureuse, lorsqu'il s'agit, par exemple, de l'image d'une personne enfonçant ses ongles dans les mains du sujet.

L'hallucination enfin peut laisser des traces sensibles telles qu'une empreinte de doigts sur la figure d'une jeune fille croyant être frappée au visage [1]. J'ai moi-même observé et publié un fait du même genre [2]. Mais, dans toutes ces observations, les effets sensibles sont tous et toujours circonscrits à la personnalité même du sujet. L'hallucination ne laisse jamais, en dehors de l'halluciné, une trace matérielle de son passage.

1. Cf. *Proceedings of the Soc. for Psych. Research,* vol. X, part. XXVI, p. 158-206.

2. A. Goix, Note sur un cas d'ecchymose par suggestion, *Bull. de la Société médicale de St-Luc,* Paris, mai 1898, p. 51.

Il n'en est pas de même pour les apparitions de Jésus. Les Apôtres observent des marques évidentes de leur action sur les objets environnants. Les disciples d'Emmaüs voient le pain rompu par leur Maître. Le soir du dimanche de Pâques, les Apôtres constatent tous la disparition d'aliments : Jésus mange sous leurs yeux un morceau de poisson rôti et un rayon de miel qu'ils lui ont eux-mêmes présentés. Sur les bords de la mer de Tibériade, ils prennent eux-mêmes un repas préparé pour eux par l'apparition [1].

Une personne qui marche, mange et parle ; une personne qui pense, veut et agit ; une personne qui possède un corps de chair et d'os, absolument identique à celui de Jésus crucifié et portant encore les stigmates de la crucifixion, voilà ce que les Apôtres voient, entendent, touchent et palpent, et cela pendant quarante jours [2].

Jésus est sorti vivant du tombeau. L'affirmation des Apôtres a traversé les siècles, fixée par l'Écriture, les monuments, les lois et les coutumes. Chaque année, de nos jours encore, la terre entière célèbre à Pâques l'anniversaire de cet événement. Chaque semaine, dans les pays chrétiens, le dimanche est consacré au même souvenir. Chaque jour et à chaque heure du jour, le sacrifice de la Messe rappelle aux catholiques, avec la passion et la mort du Christ, le fait de sa vie et de sa présence permanente au milieu d'eux.

Le témoignage actuel de l'Eglise s'unit à celui des Apôtres au point que les deux n'en font vraiment qu'un seul. La chaîne est ininterrompue entre Pierre qui affirme avoir vu Jésus sorti vivant du tombeau, et Léon XIII, le Pape aujourd'hui régnant, qui répète la même affirmation.

1. Luc., XXIV, 30 et 41-43 ; Joan., XXI, 9-13.
2. Act. apost., I, 3.

Article III. — Le miracle de la Résurrection.

Jésus est réellement mort, lorsqu'il est enseveli et déposé dans le sépulcre[1] ; les apparitions de Jésus aux Apôtres sont les visites à ses amis d'un homme bien réellement vivant[2]. Ces deux événements sont acquis à la science ; et la constatation de l'un, nous venons de le voir, est absolument indépendante de la constatation de l'autre. Considérés en eux-mêmes, ils n'ont rien d'exceptionnel ni de difficile à certifier : quoi de plus observable que la mort d'un homme, ou que la présence d'une personne vivante ?

Rien n'empêche non plus de constater avec certitude leur ordre d'enchaînement. Les apparitions sont — tous l'accordent — postérieures au jour du crucifiement, et par suite à la mort réelle du Christ.

Jésus a été mort et il est vivant, voilà donc la vraie formule du fait qui vient d'être observé. Ce fait n'est ni une régénération, ni une réviviscence, c'est une résurrection. La régénération et la réviviscence supposent, en effet, l'absence de mort antérieure et la conservation de l'aptitude à vivre. La régénération n'est que la reproduction d'une partie détruite du corps vivant ; et la réviviscence, que le passage de la vie latente à la vie sensible et manifeste. La résurrection, au contraire, implique essentiellement la mort antérieure, la perte de l'aptitude à vivre : elle est le passage de la mort à la vie.

1. Voir ch. IV, art. I, p. 74.
2. Voir ch. IV, art. II, p. 71.

Jésus a été mort et il est vivant. Jamais fait, peut-être, n'a soulevé et ne soulève encore plus de contradiction. Mais quelle que soit la forme de l'argumentation qui conclut à sa non-existence, elle consiste toujours, au fond, à nier soit la mort, soit le retour à la vie de Jésus. Les objections, les critiques, si multiples et si diverses en apparence, se ramènent toutes, en dernière analyse, à l'une ou à l'autre négation. En démontrant la vérité de la mort et des apparitions du Christ, nous les avons par là même rencontrées et réfutées. Il ne reste plus à signaler ici que leur origine commune.

Aucune des circonstances qui nous ont servi de preuves pour établir la réalité de la mort de Jésus et l'objectivité de ses apparitions, n'a été mise en doute par les adversaires de la Résurrection. S'ils arrivent à une conclusion fausse et erronée, c'est qu'ils ne s'appuient pas sur les caractères intrinsèques du fait lui-même, mais sur ses conséquences logiques : possibilité de la résurrection, possibilité du miracle, possibilité de la révélation, divinité de Jésus, maternité divine de Marie, union des deux natures divine et humaine dans l'unique personne du Christ, etc.

Ils posent d'abord en dogme l'impossibilité de l'une ou de l'autre de ces conséquences, et de cette impossibilité ils déduisent la fausseté du fait de la Résurrection. C'est la difficulté d'expliquer le mystère d'un Homme-Dieu, le refus d'accepter une vérité incompréhensible, ou bien encore des idées préconçues sur le miracle, sur la nature de la cause première et de ses rapports avec le monde, qui donnent naissance à leurs doutes sur la réalité de la mort de Jésus ou bien sur l'objectivité de ses apparitions.

Leur argumentation a donc toujours pour point de départ, non pas un fait, mais une idée *a priori*. Elle est sans aucune valeur : toute conclusion qui ne repose, en dernière analyse, que sur une simple vue de l'esprit, est nulle et non avenue pour la science.

Jésus a été mort et il est vivant, c'est là un incontestable fait d'observation. Qu'on le comprenne ou non, il est.

Ce fait, fût-il seul de son espèce, montre que le mot résurrection répond à quelque chose de réel ? Mais réalise-t-il aussi la notion de miracle, telle qu'elle a été précédemment définie [1].

Résurrection et miracle sont deux concepts fort distincts, quoique trop souvent confondus. Résurrection éveille seulement l'idée d'un fait, le fait de la succession de la vie à la mort. Miracle, au contraire, implique essentiellement deux idées : l'idée de fait et l'idée de loi.

Jamais évidemment l'homme n'aurait la pensée d'appeler miracle une résurrection, s'il ne connaissait pas, au moins implicitement, la constance de cette grande loi de la nature : Ce qui est une fois réellement mort ne peut jamais revivre sous la même forme.

Considéré à un moment quelconque de son existence, tout corps humain vivant présente, en regard du mouvement de composition par lequel il s'assimile les matériaux venus du dehors, un mouvement inverse de désassimilation par lequel il restitue au monde extérieur ce qu'il lui a emprunté. Il n'est pas un acte vital qui ne s'accompagne d'une destruction de matière en rapport avec son intensité fonctionnelle. Le muscle se brûle et conséquemment se détruit par sa contraction, la glande par ses sécrétions, l'élément nerveux par l'exercice de la sensibilité. La vie s'use par son fonctionnement même ; présentât-elle, dans la succession

_____

[1] Cf. ch. I, §7, p. 24.

de ses actes, une uniformité qui ne se voit presque jamais,
elle n'en a pas moins pour terme plus ou moins lointain,
mais inévitable, la mort.

La mort ne se caractérise point seulement par la simple
absence des manifestations ordinaires de la vie — cette absence est la caractéristique de la vie latente [1], — mais encore par l'inaptitude à reprendre l'exercice des fonctions
vitales, alors même que le corps se trouve en présence des
agents physiques et chimiques tels que l'eau et la chaleur,
dont le concours lui est indispensable.

Tout corps organisé possède un pouvoir de résistance aux
causes de destruction. C'est ainsi que les araignées peuvent
réparer la perte d'une patte entière ; et il n'est pas rare de
trouver, sur les bords de la mer, des astéries dont plusieurs
branches sont en train de se reconstituer. Ce pouvoir de réparation atteint même, aux degrés inférieurs de l'animalité,
des proportions incroyables. Un lombric ou ver de terre,
par exemple, est-il coupé en deux ? Chaque moitié continue
à vivre, produit l'une la queue, l'autre la tête qui lui manque, et forme bientôt un individu complet.

Pour éclater avec moins d'évidence, ce don de régénération n'en existe pas moins chez l'homme ; et les médecins
l'appellent force ou puissance médicatrice. L'homme refait
des ongles, des cheveux, de l'os en cas de fracture, de la
chair en cas de plaie, et surtout du sang.

Tous ces phénomènes de réparation plaident éloquem-
ment en faveur de l'existence de la vie et prouvent qu'elle
est une cause et non un simple résultat. Ici, en effet, il n'y
a rien, rien du moins d'apparent, il n'y a que le moule
idéal dans lequel la matière devra entrer et que Cl. Bernard

1. Cf. ch. IV, art. I, §

7

appelait idée directrice ; il n'y a que la force capable de réaliser ce moule, cette idée.

L'organisme qui se répare, témoigne donc par là même qu'il est vivant. Cela est si vrai que la persistance des phénomènes de nutrition, après que l'homme a rendu le dernier soupir, a pu fort justement être invoquée pour établir que « le moment de la mort définitive doit être reporté à quelques instants plus tard qu'on ne le pense généralement[1] ». Jamais un cadavre n'est le sujet de semblables phénomènes de réparation. S'il est incapable de reproduire même une seule de ses parties détruites, comment pourrait-il rétablir le tout et reprendre la forme de vie qu'il a perdue ? Qui ne peut pas le moins ne saurait pouvoir le plus.

Dans les observations et expériences multiples successivement invoquées en faveur de la génération spontanée, l'être vivant nouveau n'appartient jamais à la même espèce que le cadavre où il prend naissance. C'est un fait si bien acquis à la science que les partisans de la génération spontanée l'affirment eux-mêmes en désignant leur théorie sous le nom d'Hétérogénie. Ce qui est une fois réellement mort ne peut jamais naturellement revivre sous la même forme.

En un mot, la science sait, d'une manière positive et certaine, que la nature peut produire par ses propres forces un corps humain vivant ; mais elle sait aussi, avec la même certitude, que tout vivant provient d'un autre vivant — *Omne vivum ex vivo* — et jamais d'un cadavre. La vie du Christ ressuscité est donc un phénomène sensible accidentellement en dehors de la loi qui régit d'ordinaire l'existence du corps humain.

1. Dr Ferrand, membre de l'Académie de médecine, *Le moment de la mort*, C. R. du Congrès scientifique international des catholiques, 7e section : sciences mathématiques et naturelles, Paris, 1891, p. 208.

Toute exception se résout en une inconnue à dégager. Lorsqu'elle se présente, il faut tenir pour certain qu'il n'y a pas eu de loi violée, mais que les conditions d'application de cette loi ont été modifiées par l'intervention d'une autre loi qui n'est ni en désaccord ni en contradiction avec la loi précédente. De la rencontre de ces deux lois résulte un cas particulier, lequel doit servir de point de départ à de nouvelles recherches.

En présence, par exemple, d'une pierre lancée par une main invisible et s'élevant seule dans l'air, personne ne cherche dans la pierre la force qui explique cette ascension.

L'élévation spontanée dans l'air est et sera toujours un phénomène en dehors et au-dessus des forces naturelles à la pierre. On ne conclut pas non plus à une suspension de la loi de la pesanteur — elle ne cesse ni d'exister ni d'être constante —, mais à la subordination de cette loi à une loi supérieure qui est, dans l'exemple choisi, la volonté de celui qui a lancé la pierre.

De même, en présence de la Résurrection de Jésus, l'homme fidèle aux principes de la méthode scientifique ne nie pas le fait, parce qu'il ne peut naturellement l'expliquer. Il ne suppose pas que la science découvrira un jour dans tout cadavre humain une force naturelle encore inconnue capable d'en rendre compte. Il ne pense pas non plus à la suspension de la loi *Omne vivum ex vivo* — elle ne cesse ni d'exister ni d'être constante — mais à la subordination de cette loi à une autre loi. Il affirme que la résurrection est et sera toujours un phénomène sensible en dehors des forces naturelles au cadavre, et conclut à l'existence d'une cause supérieure.

Cette cause supérieure, quelle est-elle ? Ce n'est certainement pas la volonté humaine. L'homme peut volontairement engendrer son semblable, mais à la condition de se soumettre à la loi *Omne vivum ex vivo*. Il peut quitter volontairement la vie par le suicide, mais il est aussi impuissant à la reprendre qu'à se la donner. Rien ne naît de soi-même dans les êtres vivants.

Ce n'est pas davantage la volonté d'un esprit, c'est-à-dire d'un être intelligent et invisible, supérieur à l'homme mais faisant partie comme lui de la sphère du monde. Les esprits, anges ou démons, par là même qu'ils sont en dedans et non en dehors de la chaîne des êtres, ne font pas les lois de la nature : ils les constatent et s'y soumettent. Il ne leur suffit pas de vouloir pour agir : ils ne peuvent intervenir dans l'ordre des faits qu'en se servant des forces naturelles ; et leur supériorité sur l'homme ne tient qu'à leur science plus parfaite des conditions d'action de ces lois. Ils ne sauraient sans le concours de la force vitale provoquer la régénération d'une seule partie du corps humain. A plus forte raison sont-ils incapables de faire revivre un cadavre.

La cause supérieure qu'implique le fait de la résurrection du Christ est et ne peut être que la volonté d'un être absolument au-dessus et en dehors de la chaîne des êtres et de la sphère du monde visible ou invisible. Et cet être nous l'appelons Dieu.

Dès aujourd'hui nous possédons des bases solides pour émettre, avec certitude et sans craindre les révélations de la science à venir, cette double affirmation :

1° La vie de Jésus ressuscité est un phénomène sensible qui sort accidentellement de l'ordre des effets propres aux agents de la nature ;

2° Ce phénomène sensible est un acte de la puissance divine : il a et ne peut avoir que Dieu pour cause immédiate.

En un mot, ou la loi qui régit d'ordinaire l'existence du corps humain n'est pas constante, et alors toute science devient impossible, ou cette loi est constante, et alors la Résurrection du Christ est un vrai miracle. Serait-ce le seul constaté qu'il n'en faudrait pas moins conclure à la réalité du miracle. Un seul fait suffit pour réaliser l'hypothèse.

La notion de miracle n'a donc rien d'arbitraire ; elle n'est pas une simple vue de l'esprit formée *a priori*. Elle est l'expression rationnelle de la pensée mise en présence d'événements qui remplissent le monde et l'histoire.

CHAPITRE V

CONCLUSION.

Une étude purement spéculative ne saurait complètement satisfaire l'esprit humain. C'est une fleur artificielle, belle à voir, mais sans odeur et sans fruit. La tendance d'ailleurs, à notre époque surtout, n'est-elle pas de chercher les applications de toute connaissance scientifique ? Cette recherche est d'autant plus légitime, ici, que le miracle ne laisse pas l'homme au milieu d'abstractions qui le convainquent sans l'émouvoir, qui l'émeuvent sans l'entraîner.

Cinq mille hommes se convertissent à la vue de la guérison du cul-de-jatte de naissance opérée par S. Pierre[1]. Toutes les personnes présentes rendent gloire à Dieu, lorsque Jésus guérit un paralytique. « Lequel est le plus aisé de dire : vos péchés vous sont remis, ou de dire : Levez-vous, et marchez ? Or afin que vous sachiez que le Fils de l'homme a sur la terre le pouvoir de remettre les péchés : Levez-vous, je vous le commande, emportez votre lit, et vous en allez en votre maison. » Le paralytique se lève ; il emporte son lit ; et, à cette vue, tous, remplis d'étonnement et de crainte, rendent gloire à Dieu[2].

C'est la résurrection de Lazare qui décide les ennemis de Jésus à se réunir pour comploter sa mort. « Que faisons-

1. Act. IV, 4.
2. Luc., V, 23-26.

nous ? Cet homme fait beaucoup de miracles. Si nous le laissons faire, tous croiront en lui[1]. »

Et de fait, Jésus invoque la force démonstrative du miracle à l'appui de sa doctrine. Il l'invoque pour prouver qu'il est le Sauveur ou Messie attendu dès l'origine du monde. Aux envoyés de Jean-Baptiste qui viennent lui demander s'il est le Messie, il répond : « Allez rapporter à Jean ce que vous venez d'entendre et de voir. Dites-lui que les aveugles voient, que les boiteux marchent, que les lépreux sont guéris, que les sourds entendent, que les morts ressuscitent, que l'Evangile est annoncé aux pauvres[2]. »

Il l'invoque pour prouver qu'il est Dieu : « Mon Père et moi nous sommes une même chose. Croyez à mes œuvres, afin que vous connaissiez et que vous croyiez que le Père est en moi et moi dans le Père[3]. »

Le miracle possède-t-il vraiment la force démonstrative qu'invoque le Christ ? Peut-il être réellement la base rationnelle de telle ou telle doctrine, de telle ou telle manière de vivre ?

Toutes les religions ont cherché et cherchent encore à accréditer leur enseignement par des faits merveilleux. De nos jours, par exemple, le spiritisme et l'occultisme qui prétendent être la religion de l'avenir, ne procèdent pas autrement. Mais, bien que le miracle soit une merveille, toute merveille n'est pas cependant un miracle[4]. Aussi faut-il rechercher d'abord si les religions ont toutes à leur actif des faits véritablement miraculeux.

Lorsqu'on analyse attentivement les merveilles de l'hyp-

1. Joan., XI.
2. Luc., VII, 22.
3. Joan., X, 30 et 38.
4. Voir ch. I, § 6, p. 21.

notisme, du spiritisme, de la théosophie et de l'occultisme
contemporains, on ne tarde pas à remarquer que le développement graduel est l'un de leurs caractères fondamentaux
et que la coopération de l'homme et des autres agents de la
nature leur est, en outre, indispensable.

Ces merveilles ne s'opèrent pas instantanément et à volonté, *ad nutum*, comme la prolongation du jour par Josué,
la guérison du cul-de-jatte de naissance par S. Pierre, ou
la résurrection de Lazare par Jésus. Dans les matérialisations, par exemple, dont il a été déjà parlé [1], la présence
d'un médium est nécessaire; la forme humaine qui apparaît
n'est jamais complète dès la première fois, et elle n'exerce
pas simultanément tous les actes de l'homme.

Il en est de même des expériences de photographie dite
photographie transcendantale dans lesquelles des objets invisibles pour les assistants viendraient impressionner une
plaque photographique. Ici encore, l'opération est dirigée
par des indications obtenues à l'aide d'une table et portant
sur la lumière, sur l'ouverture et la fermeture de l'objectif,
etc. Même en supposant l'absence de toute fraude et en at-
tribuant, avec les spirites, ces photographies à de véritables
esprits, force est de reconnaître que ces esprits ont besoin
des forces naturelles pour agir. De plus ils avouent leur
ignorance, disant qu'ils ne savent pas s'ils pourront produire des images, qu'il faut essayer, etc., etc. Les insuccès
sont fréquents : il y a parfois dix-huit poses sans résultat.
Ordinairement des vapeurs nuageuses se produisent sur les
premières plaques ; et ce n'est que peu à peu et progressi-
vement qu'on obtient des formes rappelant celles de l'homme [2].

1. Voir ch. IV, art. II, § 6, p. 87.
2. *The Spiritualist*, London, Monday, July 15, 1872, p. 65.

Même aveu d'impuissance et même insuccès se remarquent pour le phénomène dit « écriture directe ». Témoin l'expérience suivante faite par le savant anglais W. Crookes. Elle « eut lieu avec la lumière, dans ma propre chambre, dit-il, avec M. Home et quelques amis seulement. Plusieurs circonstances, qu'il n'est pas nécessaire de rapporter, nous avaient montré que ce soir-là le fluide était très fort ; j'exprimai alors le désir d'obtenir un message écrit, semblable à celui dont j'avais entendu parler quelque temps avant par l'un de mes amis. Immédiatement après, j'obtins la communication alphabétique suivante : « Nous essaierons ». Quelques feuilles de papier et un crayon furent alors posés sur la table ; quelques instants après, le crayon s'éleva sur sa pointe et après s'être avancé sur le papier par des secousses hésitantes, il tomba, il se releva et retomba encore. Un troisième essai n'obtint pas de meilleurs résultats. Après ces trois tentatives infructueuses, une petite latte qui se trouvait sur la table glissa vers le crayon, et s'éleva à quelques pouces de la table, le crayon fit de même, et s'accrochant ensemble, ils firent un effort pour écrire sur le papier. Après trois essais sans résultat, la latte abandonna le crayon et retourna à sa place ; le crayon retomba sur le papier et nous reçûmes cette communication : « Nous avons essayé de faire ce que vous nous avez demandé, mais nous ne le pouvons : c'était au-dessus de nos forces [1]. »

Le professeur Charcot, dans un article célèbre écrit à l'occasion des guérisons de Lourdes, intitulé : « The Faith-Healing », « la foi qui guérit », et publié simultanément en France et en Angleterre [2], affirme d'une manière générale

1. W. Crookes, Notes sur des recherches faites dans le domaine des phénomènes appelés spirites, *Quarterly Journal of science*, 1870-1873.
2. *New Review*, London, et *Archives de neurologie*, Paris, 1892.

que les guérisons dites miraculeuses appartiennent toutes
à l'ordre naturel des choses ; mais il ne peut trouver, dans
sa longue carrière médicale et parmi ses nombreux malades
de la Salpêtrière, aucun fait semblable à ceux de Lourdes.
Il leur oppose seulement la guérison d'une demoiselle Coi-
rin, dont l'observation remonte au siècle dernier.

Cette demoiselle, qui souffrait d'une plaie du sein « un
peu plus large qu'une pièce de douze sols », ne fut guérie
que douze jours après son pèlerinage au tombeau du diacre
janséniste Paris. Cette guérison, par là même qu'elle ne fut
pas instantanée, n'a rien de miraculeux [1].

En matière de spiritisme, d'occultisme ou de théosophie,
comme en matière d'hypnose, le miraculeux n'est pas dans
les choses, mais dans les mots. Il est dans la forme du récit et non dans les faits eux-mêmes : il disparaît, dès qu'on
prend connaissance de leur description détaillée. D'autre
part, les merveilles du paganisme, de l'aveu de tous, ne
sont pas autres que les merveilles de l'hypnotisme et du spiritisme contemporains. Qu'elles aient pour cause un être
humain ou bien un être suprahumain : un esprit, qu'il y ait
ou non supercherie, leurs caractères intrinsèques suffisent
pour affirmer que cette cause n'est pas en dehors, mais en
dedans de la chaîne des êtres et de la sphère du monde.
Elle a besoin du concours des agents de la nature et de celui
du temps pour produire des effets sensibles et appréciables.

Ces merveilles n'appartiennent donc pas à l'espèce
« miracle » ; ce sont de simples prestiges. Dûment analy-
sées elles conduisent invinciblement à dire : Dieu n'est pas
là. Leur cause a peut-être une science plus parfaite et une
intelligence plus élevée que celles de l'homme ; mais cer-

---

1. Cf. A. Goix, *Lourdes et le Protestantisme*, Lourdes, 1896, p. 20.

tainement, pas plus que l'homme, elle ne peut intervenir dans l'ordre des faits sans le concours des forces naturelles.

En un mot, toutes les religions n'ont pas à leur actif de vrais miracles. Seul le christianisme peut invoquer un fait tel que la Résurrection de son propre fondateur.

Ce miracle, dûment analysé, conduit invinciblement à dire : Dieu est là. La cause qui agit a le pouvoir d'intervenir dans le monde des faits, par sa seule volonté et sans le concours des agents de la nature. Mettre en doute cette assertion, ce serait contester le principe même qui sert de base à la science et prétendre que l'étude des faits ne saurait conduire à la connaissance de leurs causes.

En partant d'un événement miraculeux, positif et bien observé, comme la résurrection de Jésus [1], la raison humaine s'élève jusqu'à la notion d'une cause première toute puissante, absolument distincte et en dehors du monde. Dieu n'est donc pas une simple abstraction ; Dieu n'est pas le premier anneau de la chaîne des êtres ; Dieu n'est pas la synthèse des mondes visible et invisible. Il est un être vivant et personnel.

Est-il possible d'aller plus loin ? La Résurrection du Christ rend-elle croyables les mystères de la religion chrétienne : Trinité, Incarnation, Rédemption ?

L'apôtre Thomas, doutant de la résurrection de son maître, le voit tout à coup paraître vivant devant lui. Il le touche, il le palpe, il s'assure que le corps ressuscité est le corps même qui a été crucifié. Puis il s'écrie : *Mon Seigneur et mon Dieu* [2]. Il ne voit qu'un homme, et il le proclame Dieu. Est-ce logique ? A-t-il raison de parler ainsi ?

1. Voir ch. IV, art. III, p. 94.
2. Joan., XX, 28.

Thomas a entendu Jésus dire aux Juifs : « Détruisez ce temple — le temple de mon corps — et je le rétablirai en trois jours [1]. » Il l'a entendu dire à ses disciples « qu'il fallait qu'il allât à Jérusalem, qu'il y souffrît beaucoup de la part des sénateurs, des scribes et des princes des prêtres, qu'il y fût mis à mort, et qu'il ressuscitât le troisième jour [2] ». Et cette prophétie était si notoire que les ennemis de son maître, pour obtenir l'autorisation de faire garder le tombeau du crucifié, l'ont eux-mêmes rappelée à Pilate : « Nous nous sommes souvenus que cet imposteur a dit, lorsqu'il était encore en vie : Après trois jours je ressusciterai [3]. »

Thomas a entendu Jésus féliciter Simon-Pierre affirmant que son maître est le Fils de Dieu : « Vous êtes bienheureux, Simon, fils de Jean, car ce n'est point la chair, ni le sang qui vous ont révélé ceci, mais mon Père qui est dans les cieux [4]. » Il l'a entendu revendiquer un pouvoir qui n'appartient qu'à Dieu seul, le pouvoir de ressusciter : « Je suis la résurrection et la vie [5] » ; et encore : « J'ai le pouvoir de quitter la vie et le pouvoir de la reprendre [6]. »

Thomas a vu les Juifs prendre des pierres pour lapider Jésus et il les a entendus lui dire : « Ce n'est pas pour aucune bonne œuvre que nous vous lapidons, mais à cause de votre blasphème, et parce qu'étant homme, vous vous faites Dieu [7]. » Thomas enfin a vu arrêter et crucifier son maître pour le même motif. Caïphe dit à Jésus : « Je vous commande par le Dieu vivant de nous dire si vous êtes le

---

1. Matth., XII, 39-40 ; Joan., II, 19.
2. Matth., XVI, 21 ; XX, 18-19 ; Marc., X, 33-34 ; Luc., XVIII, 31-33.
3. Matth., XXVII, 63.
4. Matth., XVI, 15-17 ; Joan., VI, 69-70.
5. Joan., XI, 25.
6. Joan., X, 18.
7. Joan., X, 33.

Christ, le Fils de Dieu. » Jésus lui répond : « Vous l'avez
dit. » Alors le grand-prêtre déchire ses vêtements, en
disant : « Il a blasphémé ! Qu'avons-nous plus besoin de
témoins? Vous venez d'entendre le blasphème : qu'en
jugez-vous ? » Ils répondirent : « Il mérite la mort[1]. »

Le rôle joué par son maître, parfaitement intelligible,
rationnel, sublime même, si Jésus est Dieu, devient mons-
trueux, abominable, sacrilège, si Jésus n'est qu'un homme.
Un simple homme, charpentier de son état, Rabbi par circonstance, qui parle de son sacrifice pour le rachat des péchés du monde[2] et qui s'affirme Dieu, ne serait que le plus
impudent des fourbes.

Jésus est ou Dieu ou imposteur. Point de milieu. Thomas le comprend ainsi : c'est pourquoi, en présence du
Christ ressuscité d'entre les morts et confirmant par là même
la vérité de ses paroles, il ne voit plus seulement dans son
maître l'homme, mais encore et surtout le Dieu tout-puissant, le Maître de la vie et de la mort. Il proclame la divinité
de Jésus et l'adore.

Son acte est parfaitement conforme à la raison. Que le fait
de la Résurrection implique logiquement la divinité du
Christ, la contradiction dont ce miracle a été et est encore
aujourd'hui l'objet en est la meilleure preuve.

Jésus est le prophète, le sujet et le thaumaturge de sa
propre résurrection. La résurrection, tout à la fois prophétie
et miracle, est le triomphe du Christ sur ses ennemis et la
marque évidente de sa puissance divine.

Jésus est l'Homme-Dieu. Il est vraiment homme, puisqu'il
est mort sur la croix ; il est vraiment Dieu, puisqu'il a
rendu lui-même la vie à son propre corps. Sa parole est

1. Matth., XXVI, 63-66.
2. Joan., X, 11.

donc l'expression même de la vérité ; elle est la règle de notre conduite.

Or Jésus annonce formellement qu'il achèvera sa mission dans l'humanité par la résurrection et le jugement de tous les hommes [1]. La résurrection générale des morts doit former avec sa propre résurrection un seul et même fait. Commencé au moment où Jésus est sorti victorieux du tombeau, ce fait ne sera consommé qu'au jour où tous les hommes participeront eux-mêmes à cette victoire [2].

Le Christ a tenu sa promesse de ressusciter, il tiendra celle de revenir à la fin du monde visiblement et avec une grande majesté, pour juger tous les hommes et rendre à chacun selon ses œuvres [3]. Sa résurrection est le gage de la nôtre ; et, dans cette espérance [4], ACCEPTER LE DON DE LA FOI, tel est le commandement de la raison mise en présence de la résurrection du Christ. « Le saint est le seul homme vraiment et totalement raisonnable [5]. »

La foi chrétienne n'est pas affaire d'impression et de sentiment ; elle n'a pas pour point de départ une idée *a priori* ; elle ne repose pas sur une simple abstraction de l'esprit ; elle repose sur un fait réel, concret, positif et bien observé. La résurrection de Jésus, voilà la base et le fondement du christianisme ; et c'est avec raison que S. Paul a dit : *Notre foi est vaine, si le Christ n'est point ressuscité* [6].

1. Joan., VI, 39 et 55.
2. I Cor., XV, 20-22.
3. Matth., XXV, 31-46 ; XXVI, 64.
4. I Petr., I, 3.
5. *La Vie intérieure simplifiée et ramenée à son fondement*, Première partie, ch. XV, Paris, 1re éd., p. 123.
6. Si autem Christus non resurrexit, inanis est ergo prædicatio nostra inanis est et fides vestra (I Cor., XV, 4).

TABLE DES MATIÈRES

Imp. J. THÉVENOT, Saint-Dizier (Haute-Marne)